Basedow-Studien

Morphologisch-experimentelle Untersuchungen
an Schilddrüse und Thymus zum Problem der
Basedowschen Krankheit und des Kropfes

Von

Paul Sunder-Plassmann

Dr. med. habil.

Dozent für Chirurgie a. d. Universität Münster (Westf.)

Mit 121 Abbildungen

Springer-Verlag Berlin Heidelberg GmbH 1941

ISBN 978-3-662-39277-5   ISBN 978-3-662-40309-9 (eBook)
DOI 10.1007/978-3-662-40309-9

Erweiterter Sonderdruck des gleichnamigen Beitrages in
„Ergebnisse der Chirurgie und Orthopädie"
Bd. 33.

PH. STÖHR Jr.

O. Ö. PROFESSOR FÜR ANATOMIE

DIREKTOR DES ANATOMISCHEN INSTITUTS DER UNIVERSITÄT BONN

IN AUFRICHTIGER VEREHRUNG

UND HERZLICHER, DANKBARER GESINNUNG

GEWIDMET

Vorwort.

Der *Morbus Basedow* wird in Klinikerkreisen als die „Krankheit der Theorien" bezeichnet. Jeder, der sich heute mit Untersuchungen über diese in Europa und anderen Erdteilen weit verbreitete und — wie es scheint — in der modernen Zeit ständig noch im Zunehmen begriffene Erkrankung ernstlich beschäftigt, sollte daraus den Schluß ziehen, seine Abhandlungen möglichst *frei von allen Theorien und Hypothesen* zu halten.

Ich habe mich bemüht, meine „*Basedow-Studien*" in diesem Sinne durchzuführen und nur tatsächlich morphologisch Beobachtetes und experimentell Gefundenes mitzuteilen: beides erschien mir gerade hier notwendig und einträglich. Zu alledem hat gerade noch der Chirurg den besonderen Vorteil, durch kritische Beobachtungen am Krankenbett, noch mehr bei Operationen und dort gewonnene Erkenntnisse, manche Resultate seiner Tierversuche bezüglich ihrer Gültigkeit für den Menschen bis zu einem gewissen Grade ständig aufs neue zu überprüfen, abgesehen davon, daß seine Operationen ihm oftmals wertvolles Untersuchungsmaterial zu sofortiger, lebensfrischer Fixierung liefern. An der Chirurgischen Universitätsklinik Münster (Dir.: Prof. Dr. H. COENEN), aus der diese Untersuchungen stammen, wurden seit dem Jahre 1924 bis jetzt *350* Schilddrüsenoperationen ausgeführt.

Wie schon frühzeitig erkannt wurde (F. SAUERBRUCH, H. v. HABERER, L. ASCHOFF, C. WEGELIN, G. v. BERGMANN) und die klinische Erfahrung es immer wieder bestätigt, müssen maßgebliche und sehr enge Beziehungen zwischen *Morbus Basedow und vegetativem Nervensystem* bestehen, wenngleich mit dieser Feststellung das letzte Wort über die näheren Zusammenhänge mit dem Nervensystem noch keineswegs gesprochen war. Vom Studium des letzteren aber sagt PH. STÖHR jr.: „Wie Form und Funktion, so gelten hier morphologische und experimentelle Arbeit als ein *untrennbares Ganzes!*"

Münster (Westf.) im Juni 1939.

PAUL SUNDER-PLASSMANN.

Inhaltsverzeichnis.

Einleitung.

Die Schilddrüse ist ein innersekretorisches Organ, dessen Bedeutung für den gesunden und kranken Organismus außerordentlich groß ist. Dies geht unter anderem daraus hervor, daß die Schilddrüse normalerweise an wichtigen Vorgängen im Gesamtorganismus teilnimmt, und zur Beurteilung des Schilddrüsenzustandes ist es wichtig zu wissen, daß die Schilddrüse in physiologischer Beziehung zeitlebens einem ständigen Wechsel in ihren jeweiligen Zustandsbildern unterliegt. Ziemlich umfangreiche Untersuchungen an verschiedenartigem Schilddrüsenmaterial, das bei Operationen gewonnen wurde, haben mich mehr und mehr zu der Überzeugung geführt, wie zweckmäßig, ja notwendig es ist, beim Studium der Schilddrüsenerkrankungen immer wieder Vergleiche mit dem *normalen Organ in seinen jeweilig verschiedenen Funktionszuständen zu ziehen.* So ergab sich zwangsläufig die Notwendigkeit, größere Reihen normal-anatomischer Schilddrüsenuntersuchungen unter den verschiedensten experimentellen Versuchsbedingungen durchzuführen, wobei sich meine frühere anatomische Assistententätigkeit als nutzbringend erwies, in der ich bereits den Grund zu diesen Untersuchungen gelegt hatte. Auf diese Weise entstand in den letzten 10 Jahren eine umfangreiche Sammlung normal-anatomischer Befunde, deren Auswertung auch wiederum der Klinik der Schilddrüsenerkrankungen zugute kommen konnte, wie sich noch zeigen wird. Dabei brachten es die eigenartigen „jahreszyklischen Veränderungen" der Schilddrüse mit sich, das Verhalten dieses inkretorischen Organs nicht nur in den verschiedenen Phasen des späteren Lebens, sondern auch schon in den *ersten Lebenstagen* zu beobachten, ja bereits die *embryonalen Entwicklungsstufen* der Schilddrüse genauer zu verfolgen, um so manch wertvolle Anregung zu gewinnen für das Verständnis späterer Vorgänge, die ohne entwicklungsgeschichtliches Studium rätselhaft bleiben mußten. Dies wird sich weiter unten in wesentlichen Punkten zeigen, und wiederum ergab sich auch hier eine sehr brauchbare, praktische Auswertungsmöglichkeit für die Klinik.

Hier wie dort aber zeigte es sich, daß es kaum möglich ist, die Schilddrüse isoliert für sich zu betrachten. Es stellte sich mehr und mehr heraus, daß *die Schilddrüse aufs engste mit einem anderen Organ zu einem biologischen Komplexmechanismus ganz besonderer Art verkoppelt ist — nämlich dem Thymus.* Der letztere muß daher ziemlich weitgehend mit in den Kreis dieser Untersuchungen einbezogen werden.

I. Das Verhalten der normalen Schilddrüse in verschiedenen, wichtigen Lebensphasen.

Wie die Entwicklungsgeschichte lehrt, haben die Larven von *Petromyzontidae,* die Acranier und Tunicaten noch keine eigentliche Schilddrüse; sie verfügen aber nach den Untersuchungen von W. MÜLLER (1873) und DOHRN (1886, 1888) über ein der Schilddrüse homologes Organ, nämlich den *Endostyl* oder die *Hypobranchialrinne.* Bei den Chordaten dagegen tritt die Schilddrüse bereits im embryonalen Leben auf und entwickelt sich rasch zu einem für das ganze spätere Leben außerordentlich bedeutsamen Organ, dessen normales Funktionieren für das Wachstum und den Stoffwechsel, ja für die körperliche und geistige Entwicklung des Individuums von größter Wichtigkeit ist, während die Hypobranchialrinne der Acranier und Tunicaten hauptsächlich nur im Dienste der Ernährung bzw. nach EGGERT (1938) des Nahrungstransportes steht.

Bei den Kranioten entwickelt sich die Schilddrüse aus dem ventralen Teil des Vorderdarmes; sie ist nach neueren Untersuchungen scheinbar ausschließlich entodermaler Natur (REISINGER 1931, EGGERT 1934, STARCK 1936), wenigstens ihrer primären, entwicklungsgeschichtlichen Anlage nach. Bei allen Säugetieren entsteht die Schilddrüse fast immer aus einer unpaaren Anlage in der Mitte des Mundhöhlenbodens. Nach KALLIUS (1903) sind allerdings beim Schwein zwei oder vier dicht nebeneinanderliegende, kleine, solide Epitheleinsenkungen das Primäre, ohne daß eine besondere Höhlung stattfände. Die unpaare Schilddrüsenanlage in der Medianebene des Mundhöhlenbodens ist bei menschlichen Embryonen von 2—3 mm Länge schon zu erkennen, wie aus den Untersuchungen von TOURNEAUX und VERDUN (1897), KINGSBURY (1915), NORRIS (1918) und FISCHEL (1929) hervorgeht. Das Epithel wird gewöhnlich zunächst an einer Stelle etwas höher, um sich dann zwischen erstem und zweitem Kiembogen beim Menschen einzusenken. Es ist das die Stelle, die dem späteren *Foramen coecum* entspricht.

Obwohl der Epithelzapfen der ursprünglichen Schilddrüsenanlage weiter in die Tiefe wächst, wobei er von Bindegewebe umgeben wird, bleibt noch einige Zeit eine Verbindung mit der Mundhöhle bestehen, und zwar in Form eines Ganges oder epithelialen Zellstranges, der auch als *Ductus thyreoglossus* bezeichnet wird und an dem schon genannten Foramen coecum sein Ende findet. Aber schließlich kommt es für gewöhnlich bei der weiteren Entwicklung zu einer gänzlichen Trennung bzw. Abschnürung des Schilddrüsenepithelzapfens vom Mundhöhlenboden. Es erfolgt eine caudale Verschiebung mit dem großen Arteriensystem, wobei die Schilddrüsenanlage in der Mittellinie an den Punkt rückt, der später etwa dem manchmal anzutreffenden *Lobus pyramidalis* entspricht. Wenn der solide Zellhaufen der Schilddrüsenanlage hier angekommen ist, so flacht er sich im Laufe der Weiterentwicklung ab und sendet nach beiden Seiten Ausläufer, die schließlich immer mehr an Größe zunehmen und sich seitlich an die Luftröhre und teils auch an den Kehlkopf legen. Für gewöhnlich bildet sich dabei der mittlere Teil der Anlage weitgehend zurück, um den endgültigen *Isthmus* der Schilddrüse in Erscheinung treten zu lassen. Wie MAURER (1899) zeigte, obliteriert dagegen bei *Echidna* das Mittelstück der Schilddrüsenanlage keineswegs vollkommen; es wird im Gegenteil auffallend groß, so daß es offenbar den größten Anteil der definitiven zusammenhängenden Schilddrüse darstellt.

NORRIS (1918) hat in ziemlich eingehenden Untersuchungen an embryonalen menschlichen Schilddrüsen feststellen können, daß bei den einzelnen Individuen recht erhebliche Abweichungen bzw. Schwankungen im gewöhnlichen Gang der Schilddrüsenentwicklung vorkommen können und gar nicht so selten anzutreffen sind. EGGERT (1938) macht mit Recht darauf aufmerksam, daß infolge dieser zweifellos vorhandenen individuellen Verschiedenheiten bzw. Schwankungen auch wohl die im Schrifttum vorkommenden, scheinbar sich widersprechenden Angaben eine Erklärung finden können; wenigstens gilt das für einen Teil. NORRIS (1918) bildet in seiner schon genannten Abhandlung über die embryonale Entwicklung der menschlichen Schilddrüse die Querschnitte eines 7 mm langen menschlichen Embryos ab, woraus man bereits den Beginn der Bildung erster Follikel durch Aneinanderlegen, Verdickungen und Höhlenbildungen von perlschnurartigen Epithelsträngen ersehen kann. An der Schilddrüse eines 30 mm langen menschlichen Embryos sind schon recht schöne Follikel zu erkennen.

Der solide Epithelstrang, der als Ductus thyreoglossus zunächst die Verbindung der caudalwärts gewanderten Schilddrüsenanlage mit der Mundbodenhöhle aufrecht erhält, zerfällt im Verlaufe der Weiterentwicklung alsdann in kleinere Zellkomplexe, die in den meisten Fällen der völligen Obliteration anheimfallen. Nach FAURE (1912), PATZELT (1923), HEIDERICH (persönliche Mitteilung) u. a. lassen sich beim Menschen immer wieder Fälle nachweisen, bei denen einzelne Teile des embryonalen Ductus thyreoglossus noch nach der Geburt anzutreffen sind und später auch bei chirurgischen Eingriffen als Ductus lingualis und Lobus *pyramidalis* in Erscheinung treten können. Einen solch ungewöhnlich ausgeprägten Lobus pyramidalis, der zapfenförmig zum Mundboden zog, sah ich zufällig einmal bei einer Basedowoperation. Ähnliche Reste embryonalen Zellmaterials der ursprünglichen Schilddrüsenanlage können am Zungengrund oder im Bereich der oberen Halspartien spätere Wachstumsimpulse endo- oder exogener Natur erfahren und dann als *Struma aberrans* oder *Struma baseos linguae* das besondere Interesse des Chirurgen wachrufen. Halten sich diese — nicht ganz richtig — als „versprengt" bezeichneten Schilddrüsen-keime hinsichtlich ihres Wachstums in physiologischen Grenzen und gleicher funktioneller Auswirkung mit der Hauptschilddrüse, so werden sie anatomischer-seits als Glandulae thyreoideae accessoriae superiores (EGGERT 1938) bezeichnet. Sie finden sich zumeist in der Mittellinie, da sie fast immer dem embryonal hier gelegenen Ductus thyreoglossus bzw. dessen soliden Epithelresten entstammen. Es können sich aber auch Teile der mit dem Arteriensystem caudalwärts ge-wanderten Schilddrüsenanlage noch weiter abwärts verschieben, wie das nach GODWIN (1936) fast regelmäßig beim Hund der Fall zu sein scheint, wo sich solche Schilddrüsenteile auffallend häufig im Brustraum und direkt auf der Aorta vorfinden sollen. Der Chirurg findet in diesen entwicklungsgeschichtlichen Variationen wiederum sein Analogon beim Menschen, so oft er durch Mediastino-tomie eine Struma mediastinalis oder durch Thorakotomie eine Struma intra-thoracalis, die bis auf das Zwerchfell reichen kann, entfernt.

Wie sich später zeigen wird, ist die weitere Feststellung von Bedeutung, daß im Verlaufe der embryonalen Entwicklung die branchiogenen Organe — *ins-besondere der Thymus — in ziemlich enge Verbindung mit der Schilddrüse treten können.* In der Wirbeltierreihe ist dies nach EGGERT (1934) anscheinend zuerst bei den Reptilien der Fall. Nach EGGERT ist bei Tarentola mauritanica L. (VIQUIER 1909) und Gymnodactylus marmoratus KUHL die Schilddrüse vielfach mit einem thymusartigen Gewebskomplex verwachsen, der von den Follikeln nur durch das sie umgebende retikuläre Gewebe getrennt und von einem Teil der Fasern der bindegewebigen Schilddrüsenkapsel umgeben ist. Regelrechte Inseln von Thymusgewebe inmitten der Schilddrüse sind besonders anzutreffen bei der Katze, wie KOHN (1896), DUSTIN und GÉRARD (1921), FLORENTIN (1932) und DE WINIWARTER (1926, 1927, 1929, 1932) berichten. Ein gleiches wurde beim Maulwurf (SCHAFFER 1909), beim Hund (FLORENTIN 1932), bei der Maus (VAN HEERWYNGHELS 1931) und beim Igel gesehen. DE WINIWARTER ist der Meinung, daß es sich hierbei nicht nur um eine morphologische, sondern auch physiologische Einbeziehung im Sinne einer Gewebsmetaplasie handeln könne, eine Ansicht, die HAMMAR (1936) hinsichtlich des Thymusgewebes nicht teilt.

B. EGGERT (1938) setzt sich neuerlich für diese Ansicht wenigstens hinsicht-lich des *ultimobranchialen Körperchens* ein, das nach ihm „morphologisch und auch physiologisch in gewisser Weise der Schilddrüse ähnlich zu sein scheint". Schon BORN (1883) hatte angegeben, daß bei verschiedenen Säugetieren die Schilddrüse nicht nur aus einer unpaaren medialen Anlage — wie oben be-schrieben — entsteht, sondern daß an ihrer Entwicklung noch *zwei seitliche Anlagen* beteiligt seien, die sich caudal von der 4. Schlundtasche bilden, und die er als die *lateralen Schilddrüsenanlagen* bezeichnet. Dies trifft zu für die Maus nach CRISAN (1935), für die Ratte nach ZUCKERKANDL (1903), ROGERS (1927) und für das Schwein nach BADERTSCHER (1918).

Während KINGSBURY (1918, 1935) eine Beteiligung der ultimobranchialen Körperchen an der Schilddrüsenbildung für das Rind und auch den Menschen verneint, sind jedoch PLANCHER (1934) sowie POLITZER und HANN (1935, 1936) der Ansicht, daß dies sehr wohl der Fall ist; ihnen schließt sich auch NORRIS (1937) an, der allerdings der Meinung ist, daß der Ultimobranchialkörper eben

2*

die laterale Schilddrüsenanlage darstellt und daher keine eigene Spezialbezeichnung verdiene; diese „laterale Schilddrüsenanlage" geht nach Norris beim Menschen von dem ventralen sowie vorderen und hinteren Abschnitt der 4. Schlundtasche aus.

Während die ersten Follikel der menschlichen embryonalen Schilddrüse nach Bucciante und Maspes (1930) schon beim Fetus von 16,5 mm Länge, nach Livini (1922) beim Fetus von 27 mm Länge, nach Norris beim Fetus von 24 mm Länge sich bilden, hat Bargmann (1939) beim Keimling von 20—23 mm Scheitel-Steißlänge noch keine Drüsenbläschen nachweisen können.

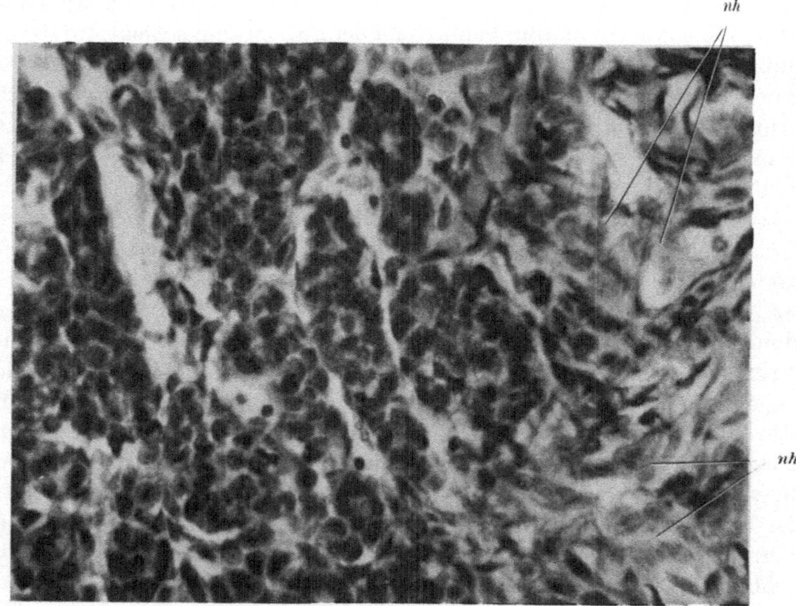

Abb. 1. Schilddrüse eines menschlichen Fetus (♂) von 50 mm Länge. Follikelbildung bereits recht gut erkennbar. Mach beachte kleine Komplexe *hellkerniger, schwer färbbarer Zellen* am Hilus der Drüse (*nh*)! Hä.-Eos.-Präparat. Mikrophoto. Obj. D, Ok. 6.

Wie das Mikrophotogramm der Abb. 1 zeigt, sind beim menschlichen Fetus von 50 mm Länge (♂) ohne weiteres erkennbare Follikel in der Schilddrüsenanlage zu sehen, wobei auffällt, daß sie mehr in den *peripheren Partien* der Drüsenanlage als im Zentrum zu finden sind. Ich habe in den Serienschnitten dieser embryonalen menschlichen Schilddrüse nicht sicher Kolloid nachweisen können, womit keinesfalls gesagt sein soll, daß in den Follikeln der fetalen Schilddrüse überhaupt kein Kolloid vorhanden wäre. Nach Maurer (1902) soll zwar bei Säugetierembryonen die Kolloidbildung erst gegen Ende der Entwicklung auftreten, aber Weller und Louis (1933) geben an, daß beim Menschenembryo von 40 mm Länge die Kolloidansammlung einsetzt, d. h. zu einer Zeit, in der in den lateralen Schilddrüsenanlagen das Auflockerungsstadium der Zellstränge beginnt. Ich selbst sehe sehr deutlich Kolloid in meinen Schnittserien von Schilddrüsenanlagen 74 mm langer Meerschweinchenembryonen (Abb. 3).

Wenngleich man, auch nach den Feststellungen von Livini (1922), Pulaski (1923), Takashima und Hara (1934) sowie von Bucciante und Maspes (1936), die Anwesenheit von Sekret in den Follikeln der Schilddrüsenanlagen nicht zu bezweifeln braucht, so halte ich doch einen Streit darüber, wann das Kolloid erstmalig auftritt, für ziemlich zwecklos und unfruchtbar. Es erscheint durchaus naheliegend, daß bei der ersten Kolloidbildung erhebliche individuelle Schwankungen vorkommen können, die vielleicht vom Jod- und Vitamingehalt der Nahrung der Mutter, dem Zustand der mütterlichen Hormone und somit sowohl von örtlich klimatischen als auch jahreszeitlichen Faktoren abhängig sein dürften. WEGELIN (1926) fand schwach angefärbtes Kolloid bei Feten von 25—45 mm Länge. Nach VERDUN (1898), ELKES (1903) und WEGELIN ist der Kolloidgehalt in verschiedenen Teilen der menschlichen Schilddrüsenanlage unterschiedlich: zu einer Zeit, wo im Zentrum der Drüsenanlage noch solide Epithelstränge und kompakte Zellhaufen vorhanden sind, kann man in den peripheren Partien schon kolloidgefüllte Follikel antreffen. Dies kann ich bezüglich der Follikelbildung bestätigen (Abb. 1).

BARGMANN (1939) meint, die Angaben der letztgenannten Autoren ständen mit seinen eigenen Beobachtungen an der Schilddrüse eines jungen Hundes nicht im Einklang. Hier begeht BARGMANN allerdings einen mir unverständlich erscheinenden Fehler: bei seinem „jungen Hund", von dem er 3 Abbildungen bringt[1], handelt es sich — wie er selbst schreibt — um einen „neugeborenen" Hund! Bei diesem fand BARGMANN „die zentrale Partie des Organs mit weiten Follikeln, die periphere Partie derselben Schilddrüse mit kleinen Follikeln und soliden Zellsträngen". Wenn BARGMANN nun daraus einen Gegensatz zu den Befunden der obigen Autoren an *embryonalen* Schilddrüsenanlagen konstruiert, so vergleicht er *ganz verschiedene Dinge*. Die Neugeborenenschilddrüse unterscheidet sich *grundlegend* — wie unten noch darzulegen — von der embryonalen Schilddrüse und darf unter keinen Umständen damit im genannten Sinne zum Vergleich herangezogen werden. Wenn BARGMANN seine Beweisführung beendet mit der weiteren Schlußfolgerung: „Man darf wohl die Möglichkeit in Betracht ziehen, daß bereits während der Fetalzeit eine Kolloidausschwemmung in zentralen Drüsenpartien erfolgt," so entbehrt eine solche Annahme in diesem Zusammenhang freilich jeder Begründung.

Kolloidbildung in den Follikeln der embryonalen Schilddrüse wurde außer beim Menschen bei einer ganzen Reihe von Tieren festgestellt, so z. B. von BADERTSCHER (1918) bei Schweineembryonen, von ARON (1926) bei Schafembryonen, von KULL (1926) bei Embryonen weißer Ratten, von RABL (1931), BENAZZI (1932), DE WINIWARTER (1935) und RAMSAY (1938) bei Katzen- und Meerschweinchenembryonen, von SELLE (1935) und EGGERT (1938) bei Fledermausembryonen, von ABBOT und PRENDERGAST (1937) bei Rinderembryonen.

Ein weiteres Wachstum der Follikel in der embryonalen Schilddrüse erfolgt bei mitotischer Teilung der Follikelzellen. Zu den verschiedenen Hypothesen, die über die Art der Vergrößerung und des Wachstums der Follikel aufgestellt sind und die sich teilweise widersprechen, soll hier keine Stellung genommen werden, da diese Frage praktisch nicht wesentlich zu sein scheint.

Vielmehr möchte ich die Aufmerksamkeit auf etwas anderes lenken, was mir bei meinen Serienuntersuchungen embryonaler menschlicher und tierischer Schilddrüsen aufgefallen ist: wie schon Abb. 1 erkennen läßt, kann man beim

---

[1] BARGMANN: Handbuch für mikroskopische Anatomie, Bd. VI, Teil 2, S. 15, 16. 1939.

50 mm langen menschlichen Embryo am dorsalen Anlageteil, den man später vielleicht als „Drüsenhilus" bezeichnen darf, eigenartige, kleine Komplexe *epithelialer Zellen mit sehr großen, hellen Kernen* bemerken (*nh*). Diese färben sich nur sehr schwer gegenüber den eigentlichen embryonalen dunkelkernigen Follikelzellen. Ihre Kerne sind stets unverkennbar *größer* als diejenigen der letzteren. Vielfach sind sie von einem breiten *Protoplasmahof* umgeben. Bei größeren Embryonen sieht man, wie diese Nester von Epithelzellen sich bereits in größerer Anzahl *zwischen den Follikelzellen* befinden, in die dann die Schilddrüsenanlage aufgeteilt ist. Diese Aufteilung kann übrigens bei menschlichen Embryonen von 65 mm Länge schon vollzogen sein (NORRIS). HEIDENHAIN (1921) hat die eigenartigen Epithelnester offenbar schon beobachtet und später als „Restzellen" bezeichnet. WATZKA (1934) sah die „Restzellen" besonders reichlich an Schweineembryonen kurz vor der Geburt. HEIDENHAIN trifft seine „Restzellen" stets als Zellzwillinge an und meint daher, in ihnen Follikelzellen in einem dem Zweizellenstadium unmittelbar vorangehenden Stadium vor sich zu haben.

WÖLFLER, der schon 1880 diese Zellen als „interfollikuläre Zellen" bezeichnet, hält sie für unverbrauchtes Baumaterial, während WILSON (1929) der Ansicht ist, es handele sich um nicht richtig erkannte Anschnitte kleiner Follikel. KLUMPP und EGGERT (1934) fanden sie auch schon in der niederen Wirbeltierreihe; sie bringen diesbezügliche Abbildungen von Ichthyophislarven. Wesentlich ist, daß die genannten Untersucher offenbar alle die Ansicht vertreten, es handele sich bei jenen blassen Zellen um irgendwelche Stufen der eigentlichen, kolloidbereitenden Follikelzellen; die Autoren identifizieren also mit anderen Worten die blassen, großkernigen Zellen völlig mit den kolloidbereitenden Follikelzellen. *Hier hat man aber die zunächst belanglos aussehenden kleinen Zellkomplexchen zweifellos etwas zu rasch und einfach abgetan und offenbar etwas zu schematisch-statisch beurteilt,* wie sich weiter unten im einzelnen zeigen wird.

Über das funktionelle Verhalten der embryonalen Schilddrüse — ich meine die Frage der inkretorischen Tätigkeit — liegen einige Angaben vor, die aber zunächst vorwiegend hypothetischen Charakter tragen. Wenn BARGMANN (1939) allerdings meint, daß eine spezifische, inkretorische Aktivität während der späteren Embryonal- und der Fetalzeit durch die *biologische Wirksamkeit* herausgeschnittenen, follikelhaltigen *embryonalen Schilddrüsengewebes* mindestens wahrscheinlich gemacht werde, so kann ich ihm in dieser Art der Beweisführung nicht folgen. Der biologische Test herausgeschnittenen embryonalen Schilddrüsengewebes kann einzig und allein nur anzeigen, daß solches Schilddrüsengewebe spezifisch wirksam — vornehmlich auf dem *Jodreichtum* beruhend — ist, keinesfalls aber beweisen oder auch nur für sich wahrscheinlich machen, daß das in diesem Gewebe vorhandene Jod bzw. Inkret nun auch schon an den Organismus des Embryo *abgegeben* wird. Der Charakter einer „Vorratdrüse", den die Schilddrüse zeitlebens trägt, scheint sich schon im embryonalen Leben bemerkbar zu machen. Auch ich vermute eine inkretorische Tätigkeit der fetalen Schilddrüse — aber vornehmlich für das Ende der intrauterinen Zeit und nicht auf Grund des biologischen Testes herausgeschnittenen Schilddrüsenmaterials. Der biologische Test kann uns nur über den *Gehalt* embryonalen Schilddrüsengewebes belehren, d. h. die Überlegung näher bringen, daß offenbar schon die embryonalen Schilddrüsenzellen unter bestimmten Bedingungen in der Lage sind, aus dem Blut jodhaltige Stoffe abzufangen und zu verarbeiten bzw. zu stapeln.

Die Implantationsversuche von SCHULZE, SCHMITT und HÖLLDOBLER (1928) führen uns vor Augen, daß durch Schilddrüsengewebe 3—10 Monate alter menschlicher Feten eine Beschleunigung der Metamorphose von Unkenlarven bewirkt wird. Ähnliche positive biologische Testversuche zeigen uns RUMPH und SMITH (1926) mit kolloidhaltigem Schilddrüsengewebe von Schweineembryonen, MACCHIARULO (1930) von Rinderfeten, HOPKINS (1935) von Hühnerembryonen, desgl. von letzteren WOITKEWITSCH (1936). Man kann sich hingegen eher BARGMANN anschließen, wenn er meint, das histologische Bild der fetalen menschlichen Schilddrüse mit dem verhältnismäßig hohen Follikelepithel und dem netzartig geronnenen Bläscheninhalt spreche für das Bestehen einer sekretorischen Aktivität des Organs. Diese Ansicht vertritt ja auch schon EGGERT (1934) auf Grund seiner ausgezeichneten Studien an embryonalen Schilddrüsen der Eidechse. Übrigens hat die Meinung von E. J. KRAUS (1929) manches für sich, der anführt, daß die morphologischen Veränderungen der übrigen endokrinen Organe bei gänzlichem Fehlen der Schilddrüsenanlage auf eine aktive inkretorische Tätigkeit der menschlichen fetalen Schilddrüse hinweisen.

Eine mäßige inkretorische Wirksamkeit der embryonalen Schilddrüse in der ersten Graviditätshälfte braucht meines Erachtens nicht an das Auftreten von Follikeln gebunden zu sein, und man kann RABLs (1913) Angaben ruhig Wahrscheinlichkeit beimessen, wonach die Schilddrüsen von 14,5 mm langen Meerschweinchenembryonen Zeichen einer Kolloidsekretion schon vor dem Auftreten von Lichtungen oder Follikeln aufweisen. RABL meint, die frühe inkretorische Schilddrüsentätigkeit des Embryos sei ein bedeutsamer Faktor für dessen allgemeine Weiterentwicklung. HAMMAR (1925) denkt an Einflüsse der embryonalen Schilddrüse auf Ossifikationsvorgänge, was meines Erachtens keineswegs so abwegig erscheint, wie es anderweitig hingestellt ist. Nach ARON (1926) kommt in der Schilddrüse von Schafembryonen eine Abgabe des Kolloids an das interfollikuläre Gewebe vor, von wo es in die Gefäße gelange.

TANBERG (1927) gibt an, daß Herausschneidung der Schilddrüse eines trächtigen Tieres eine Steigerung der Aktivität der Schilddrüse seines Embryos zur Folge hat. Meines Erachtens liegt die Annahme nahe, dem infolge der herausgenommenen Schilddrüse beim Muttertier vermehrt vom Hypophysenvorderlappen abgegebenen *thyreotropem Wirkstoff* diese Schilddrüsenaktivierung beim Embryo zuzuschreiben. Voraussetzung wäre allerdings, daß jenes mütterliche Hormon die Placentarschranke ungehemmt passieren könnte. Andernfalls könnte ich mir vorstellen, daß infolge des mangelnden Jodgehaltes des Blutes der athyreotischen Mutter nunmehr ein gesteigertes Jodbedürfnis im Organismus des Embryo resultiert, worauf derselbe seine eigene Schilddrüsenaktivierung durch eine vermehrte Abgabe thyreotropen Hormons vielleicht in Gang setzen könnte. Voraussetzung dafür wäre wiederum, daß das embryonale Zwischenhirn-Hypophysensystem bereits funktionsfähig ist. Es ist in diesen Punkten noch sehr wenig Klarheit vorhanden, und all die genannten Überlegungen haben nur Bedeutung, wenn sie im Sinne einer Arbeitshypothese ausgewertet werden.

Ich habe Meerschweinchen in verschiedenen Stadien der Tragzeit mit dem thyreotropen Hypophysenvorderlappenhormon behandelt und die Schilddrüsen der Muttertiere und der Embryonen teils in Schicht-, teils in Serienschnitten

untersucht. Dabei zeigte sich, daß die Schilddrüse eines normalen, tragenden
Meerschweinchens in mittleren Graden deutlich aktiviert ist (Abb. 2). Man sieht

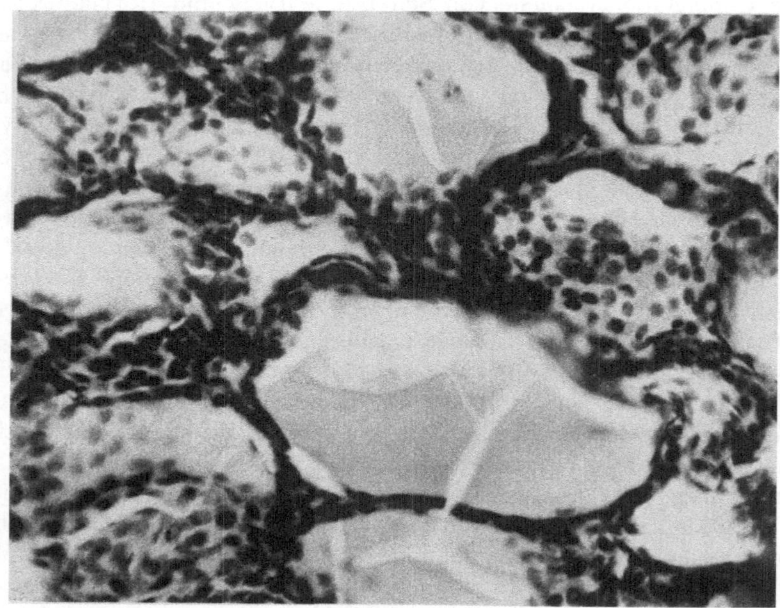

Abb. 2. Mäßig aktivierte Schilddrüse eines normalen, tragenden Meerschweinchens (s. Text), dessen Embryonen
72 und 74 mm lang waren. Hä.-Eos.-Präparat. Mikrophoto. Obj. D, Ok. 6.

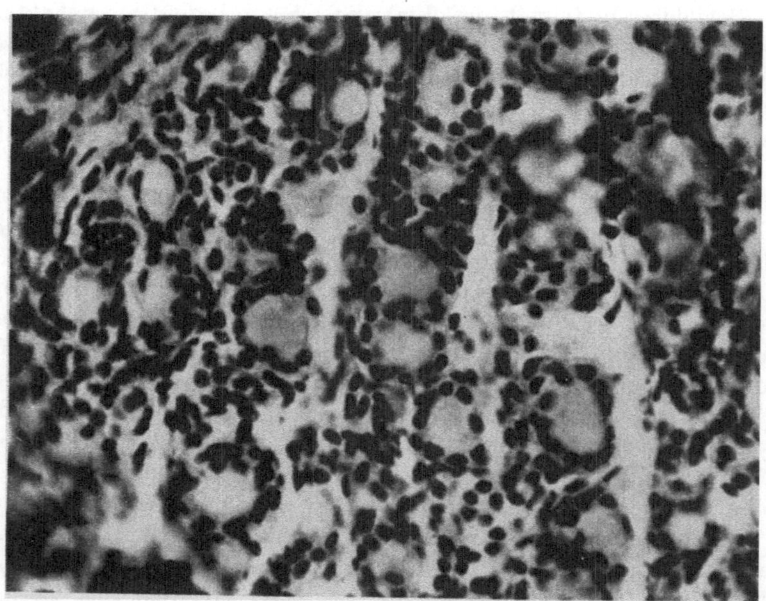

Abb. 3. Zum Muttertier der Abb. 2 gehörender Embryo von 74 mm Scheitel-Steißlänge. Die Schilddrüse
dieses Embryos zeigt einheitlich gebaute Follikel, die deutlich gefärbtes Kolloid beherbergen und ein
dunkelkerniges Zellsystem aufweisen. Hä.-Eos.-Präparat. Mikrophoto. Obj. D, Ok. 6.

vor allem außer den dunkelkernigen Follikelzellen noch die eigenartig hellen
Epithelzellen im Follikelverband vertreten, und sie zeigen hier einerseits eine

besonders schöne polyedrische Anordnung zueinander, andererseits bei stärkerer Optik eine auffallende *Granulierung,* die auch schon in gewöhnlichen Hä.-Eos.-Präparaten ohne weiteres feststellbar ist. Die Aktivierung dieser Schilddrüse, von der ein Präparat die Abb. 2 wiedergibt, ist jedoch nicht so hochgradig, daß eine Kolloidfreiheit der Follikel erzielt wäre: man sieht deutlich, daß in den Follikeln noch Kolloid vorhanden ist, wenngleich es in denjenigen mit den *hellen Epithelzellen* auffallend dünnflüssig zu sein scheint. Dies Muttertier hatte zwei Embryonen, von denen der eine bei der Tötung des Muttertieres 74 mm lang

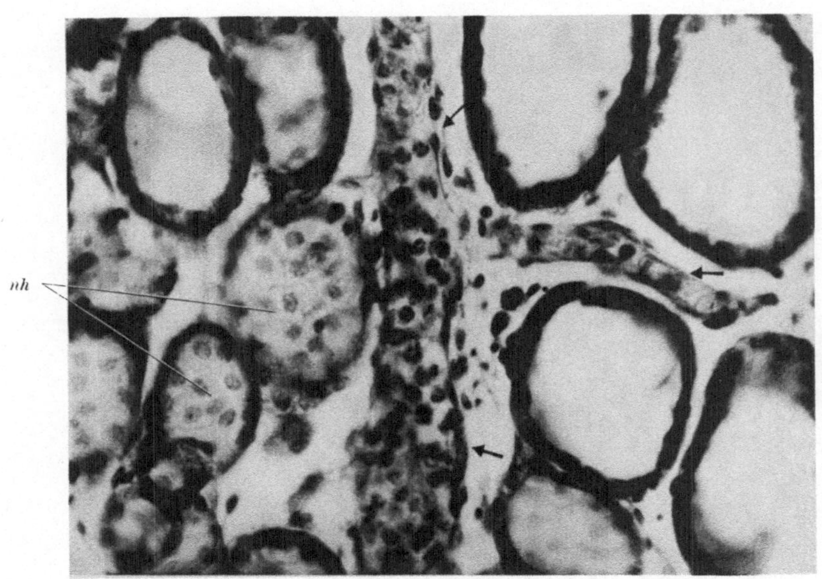

Abb. 4. Tragendes Meerschweinchen erhielt einmal 100 MsE thyreotropes Hormon intraperitoneal. Die Schilddrüse zeigt nach 24 Stunden Kolloidfreiheit, geschwollene, hellkernige Epithelzellen in einer großen Anzahl der Follikel (*nh*) und ganze Komplexe leuchtendroter, *eosinophiler Leukocyten* in den Interstitien, muskelfreien Gefäßen (↗) und Capillaren (↗). Hä.-Eos.-Präparat. Mikrophoto. Obj. D, Ok. 6.

war, dessen fetale Schilddrüse Abb. 3 wiedergibt. Man sieht sehr gut, daß reichlich und gut ausgeprägte Follikel vorhanden sind, in denen sich allenthalben deutlich gefärbtes Kolloid vorfindet. Außerdem mache ich darauf aufmerksam, daß die Follikel größtenteils aus *dunkelkernigen* einheitlich gestalteten Follikelzellen bestehen.

Das Muttertier, dessen Schilddrüsenpräparat die Abb. 4 zeigt, hat einmal 100 MsE thyreotropes Hormon intraperitoneal erhalten; nach 24 Stunden abortierte es 4 tote Embryonen. Man sieht in der Schilddrüse des Muttertieres Kolloidfreiheit der Follikel und wiederum in vielen Follikeln die auffallend hellkernigen Zellen (*nh*), die hier deutlich geschwollen erscheinen. Außerdem ist aber besonders bemerkenswert, daß sich im Interstitium dieser Schilddrüse ganze Komplexe *leuchtendroter, eosinophiler Leukocyten* vorfinden, von denen auch die muskelfreien Schilddrüsengefäße (↗) und Capillaren (Abb. 4) stellenweise regelrecht ausgestopft erscheinen. Ich verweise bezüglich dieser auffallenden *Eosinophilie* auf den Abschnitt weiter unten über den „Schilddrüsenfeinbau". Hier sei lediglich festgestellt, daß 100 MsE thyreotropen Hormons an der mütterlichen Schilddrüse des tragenden Tieres mit Sicherheit zur

Auswirkung gekommen sind, und dieser Wirkung liegen die eben genannten Veränderungen zugrunde.

Auch an den embryonalen Schilddrüsen der 4 abortierten Jungen ist das der Mutter gebebene thyreotrope Hormon zur Auswirkung gekommen. Abb. 5 zeigt die deutlich aktivierte Schilddrüse eines ihrer Embryonen von 90 mm Länge: man sieht Kolloidfreiheit bzw. -verarmung der Follikel mit vielen Resorptionsvakuolen, und außerdem ist zu erkennen, daß eine große Menge hellkerniger Epithelzellen in die Interstitien und Follikelverbände eingedrungen ist. Eine

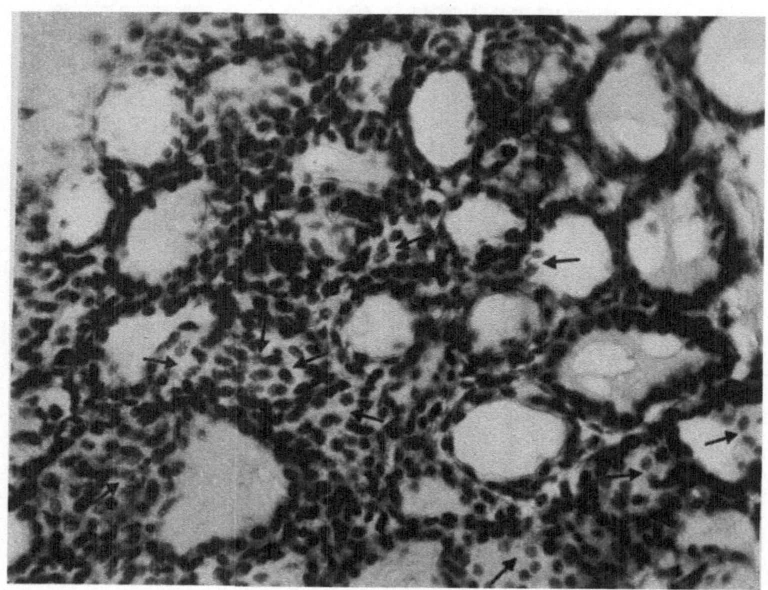

Abb. 5. Einer der 4 abortierten Embryonen vom Muttertier der Abb. 4. Die Schilddrüse dieses 90 mm langen Embryo, dessen Mutter einmal 100 MsE thyreotropes Hormon intraperitoneal erhielt, zeigt Kolloidfreiheit bzw. hochgradige Kolloidverarmung und massenhaft hellkernige Zellen (↗) im Interstitium und Follikelverband. Hä.-Eos.-Präparat. Mikrophoto. Obj. D, Ok. 6.

so hochgradige Aktivierung entspricht durchaus nicht den physiologischen Veränderungen gegen Ende der Gravidität (s. weiter unten), und außerdem ist wesentlich, daß auch an diesen embryonalen Schilddrüsen allenthalben die hochgradige und eindrucksvolle Überschwemmung mit *leuchtendroten, eosinophilen Leukocyten* an vielen Stellen in den Präparaten feststellbar ist, wie auch Abb. 6 und 7 deutlich zeigen.

Es scheint mir demnach erwiesen zu sein, daß das mütterliche thyreotrope Hormon die Placentarschranke ungehemmt passieren kann.

Besonders wichtig wäre nun des weiteren die Klärung der Frage, ob auch an der frühembryonalen Schilddrüsenanlage — noch bevor für gewöhnlich überhaupt weder Kolloid noch Follikel nachweisbar sind, Wirkungen von thyreotropem Hypophysenvorderlappenhormon, das der Mutter verabreicht ist, wahrnehmbar sind.

Auch diese Frage glaube ich nach meinen Befunden *bejahen* zu müssen. Ich habe zu diesem Zwecke Meerschweinchenembryonen von 8—10 mm Scheitel-Steißlänge untersucht. Das zugehörende Muttertier hat an 2 aufeinanderfolgenden Tagen je 250 MsE thyreotropen Hormons intraperitoneal erhalten;

es abortierte *nicht*. Nach seiner Tötung am 3. Tag durch Nackenschlag fanden sich 4 Embryonen von 8—10 mm Scheitel-Steißlänge. Die Schilddrüsenanlagen

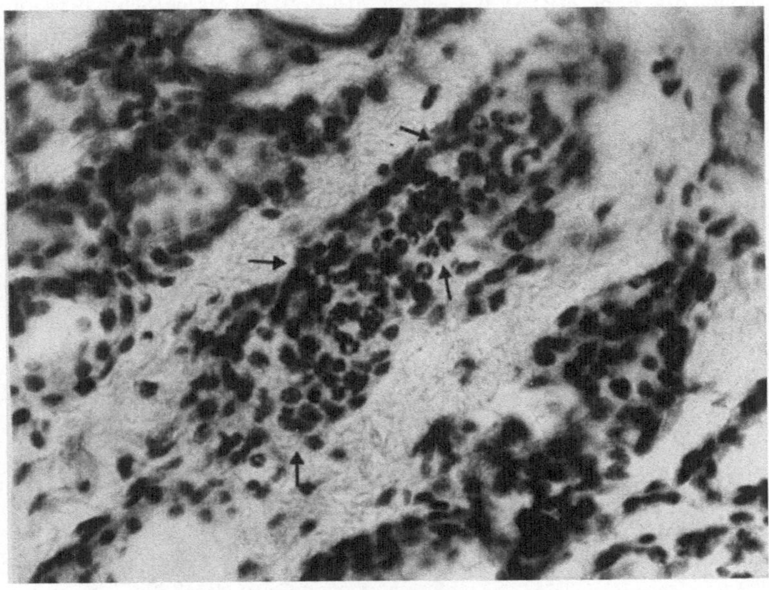

Abb. 6. Gleiches Präparat wie das der Abb. 5. Man beachte die zahlreichen, in den Präparaten *leuchtendroten, eosinophilen Leukocyten* (↗) dieser embryonalen Schilddrüse. Mikrophoto. Obj. D, Ok. 6.

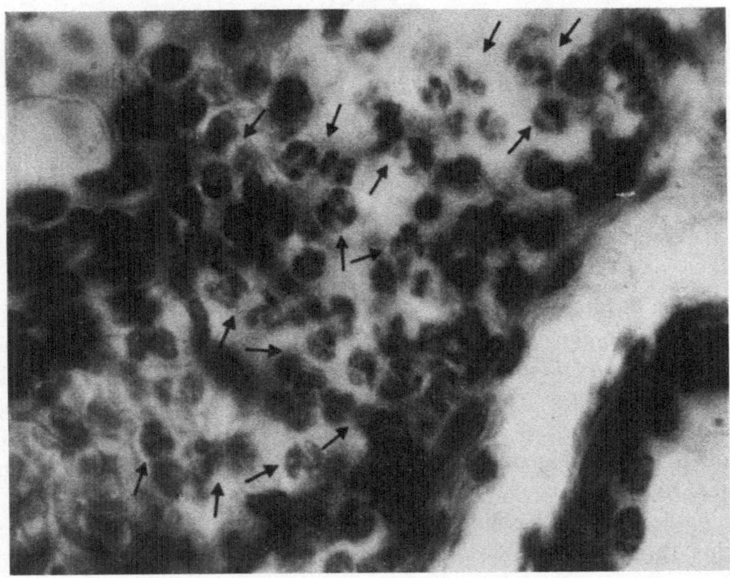

Abb. 7. Gleiches Präparat wie das der Abb. 5. Starke Optik zeigt die in den Präparaten *leuchtendroten eosinophilen Leukocyten* (↗) unmittelbar an den Follikeln dieser embryonalen Schilddrüse. Mikrophoto. Obj. $^1/_{12}$ mm Ölimmers., Ok. 8.

dieser Embryonen zeigen nicht nur eine deutliche *Größenzunahme* gegenüber den Schwankungen der Norm, sondern schon in diesem jungen Frühstadium stellenweise sehr schöne Follikelbildung (Abb. 8), in denen sich verschiedentlich körniger Inhalt fand. Außerdem findet man allenthalben in erhöhtem Maße die Zeichen, die *Rabl* (1913) bei seinen Studien normaler Schilddrüsenanlagen von Meerschweinchen bereits als Sekretionsmerkmale hingestellt hat, und hier in meinen Präparaten schließlich noch auffallend viel *Mitosen* an den großen, dunklen Parenchymzellen. Endlich fallen diese Schilddrüsenanlagen auf durch ihre schon sehr stark ausgeprägte *Vaskularisierung*, wobei in den ziemlich

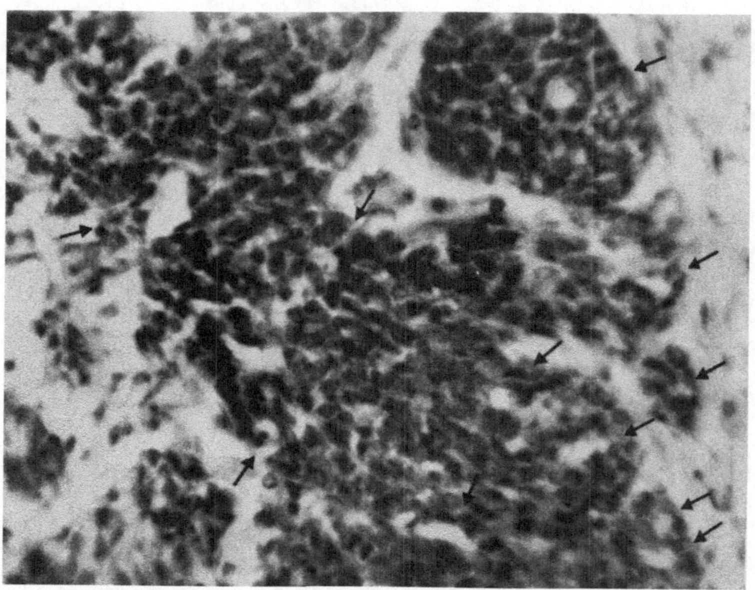

Abb. 8. Schilddrüsenanlage eines Meerschweinchenembryos von *8 mm Scheitel-Steißlänge*, dessen Muttertier an zwei aufeinanderfolgenden Tagen je 250 MsE thyreotropes Hypophysenvorderlappenhormon intraperitoneal erhielt und am 3. Tag durch Nackenschlag getötet wurde. An der ungewöhnlich großen Schilddrüsenanlage bemerkt man stellenweise sehr schöne Follikelbildung (↗) und auffallend viel Mitosen der großen, dunkel-kernigen Parenchymzellen. Mikrophoto. Obj. D, Ok. 8. Hä.-Eos.-Präparat.

breiten, muskelfreien Gefäßen kernhaltige, rote Blutkörperchen sichtbar sind (Abb. 9).

Nach diesen dargelegten Befunden darf man eine Einwirkungsmöglichkeit des thyreotropen Hormons der Mutter auf die embryonale Schilddrüsenanlage als durchaus wahrscheinlich annehmen. Ich glaube, daß wir — bei den bekannten wichtigen Einflüssen des Thyreoideainkretes auf Wachstum und Stoffwechsel — hier eine Möglichkeit, auf die Entwicklung des Embryos direkt einzuwirken, von ziemlich beträchtlichem Ausmaße in der Hand haben: es braucht wohl nicht weiter betont zu werden, daß diese Ansicht vorerst lediglich im Sinne einer Arbeitshypothese mit aller Vorsicht geäußert sein soll, wobei zunächst einmal die richtige Dosierung die größten Schwierigkeiten bereiten dürfte.

Bei diesen Studien an den Schilddrüsenanlagen von Meerschweinchen-embryonen, deren Muttertiere mit thyreotropem Hormon behandelt waren, ist mir wiederum ganz besonders das eigenartige Verhalten der hellkernigen Epithel-zellen aufgefallen, auf die ich oben bereits an der *menschlichen* embryonalen Schilddrüsenanlage aufmerksam machte.

Die hellkernigen Zellkomplexe kann man auch am menschlichen embryonalen *Thymus* schon sehr früh feststellen, wie Abb. 10 bei *nh* zeigt. Das Studium

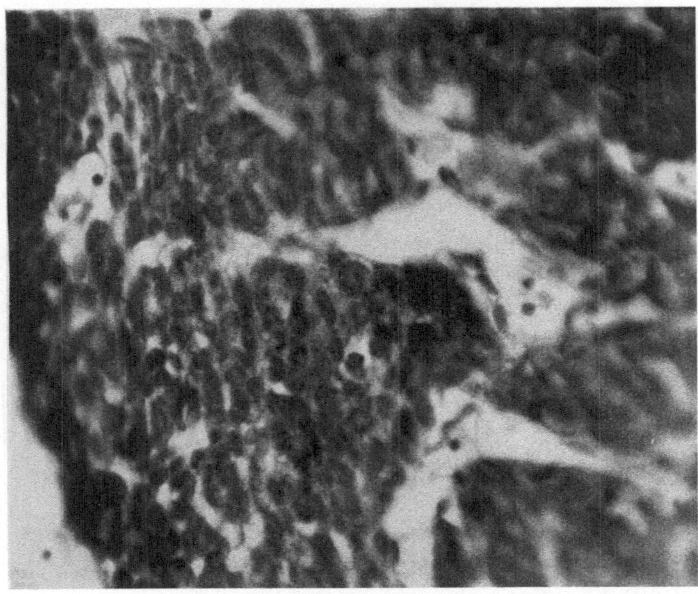

Abb. 9. Gleiche Präparatenserie wie Präparat der Abb. 8. Follikelbildung, starke Vaskularisierung und in breiten, muskelfreien Gefäßen kernhaltige rote Blutkörperchen. Mikrophoto. Obj. D., Ok. 8. Hä.-Eos.-Präparat.

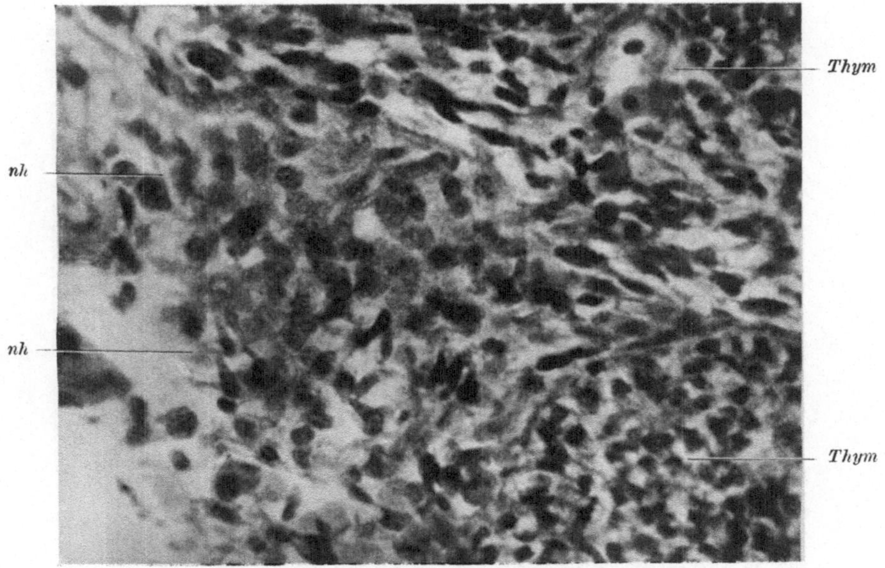

Abb. 10. Thymus eines menschlichen Fetus (♂) von 50 mm Länge. Man beachte den Komplex hellkerniger Zellen (*nh*), die von außen in das dunkelkernige Thymusgewebe (*Thym*) eindringen! Hä.-Eos.-Präparat. Mikrophoto. Obj. D, Ok. 6.

von Serienschnitten derartigen menschlichen Materials hat mich mehr und mehr zu der Annahme geführt, daß die *hellkernigen, großen Zellen* dem bereits

vorhandenen Thymusgewebe entgegenwandern und darin eindringen (Abb. 11).
Es kann dies gerade zu der Zeit besonders schön beobachtet werden, wo sich

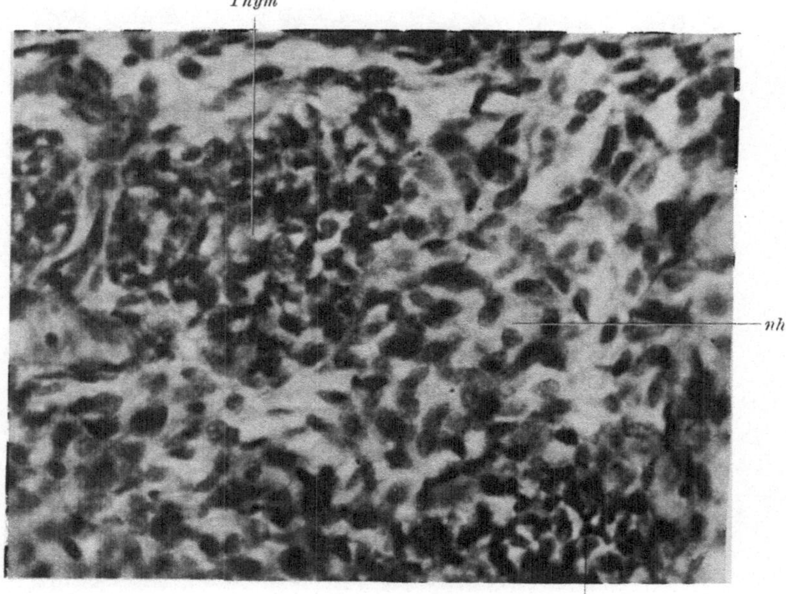

Abb. 11. Thymus eines menschlichen Fetus von 50 mm Länge. Man beachte, wie hellkernige Zellen (*nh*) allenthalben in das dunkelkernige Thymusgewebe (*Thym*) eindringen! Das Präparat bildet die direkte seitliche Fortsetzung nach rechts der Abb. 10. Hä.-Eos.-Präparat. Mikrophoto. Obj. D, Ok. 6.

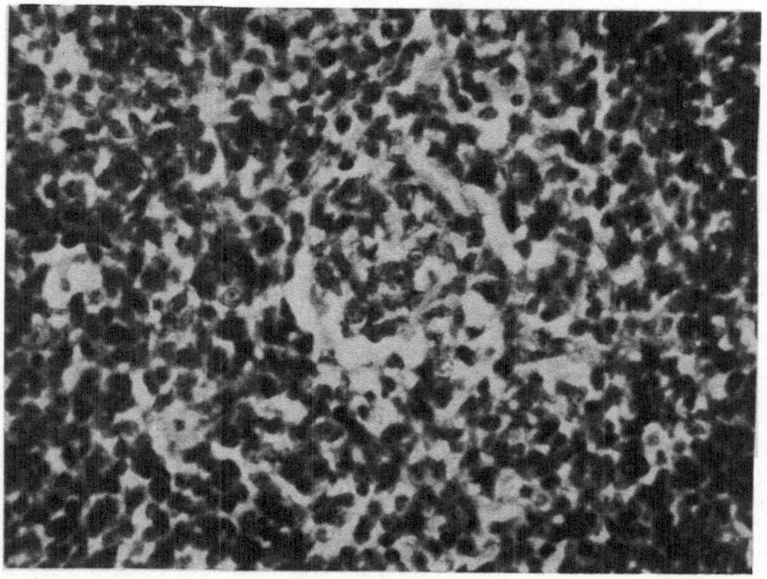

Abb. 12. Thymus eines menschlichen Fetus von 50 mm Länge. Es beginnt die Differenzierung in „Rinde und Mark". Hä.-Eos.-Präparat. Mikrophoto. Obj. D, Ok. 6.

die erste Differenzierung des Thymus in „Rinde und Mark" bemerkbar macht
(Abb. 12). Man vermag in den *hellkernigen* einwandernden Zellkomplexen sehr

gut festzustellen, daß eine intensive Neigung zu Vermehrungsvorgängen besteht, so daß man Bilder, wie es das Mikrophotogramm der Abb. 13 zeigt, gar nicht selten zu sehen bekommt. *Daß gerade diesen hellkernigen schwer färbbaren Zellen eine außergewöhnliche Bedeutung beizumessen ist,* wird sich im Verlaufe dieser Studien zeigen.

Die erste grundlegende Veränderung — histophysiologisch gesprochen — den ersten Sturm einer hochgradigen Aktivierung mit all den charakteristischen Folgeerscheinungen macht nun die Schilddrüse zur Zeit *der Geburt* des Individuums durch. Wie schon die Untersuchungen von ELKES (1903), HESSELBERG (1910), KRINSKAJA (1932) und WATZKA (1934) zeigen, tritt jetzt eine starke Kolloidverarmung des Organs ein und eine damit verbundene Epithelveränderung, Vorgänge, die bereits kurz

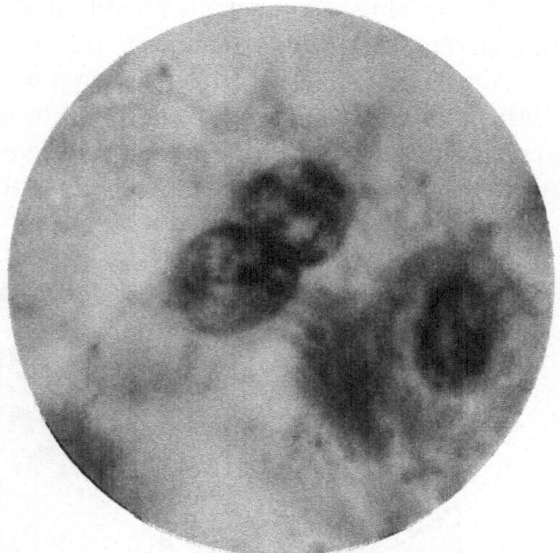

Abb. 13. Thymus eines menschlichen Fetus von 50 mm Länge. Zwei der in den beiden vorletzten Abbildungen bei *nh* bezeichneten hellkernigen Zellen. Hier sieht man die obere Zelle im Stadium der Kernteilung. Man beachte auch die periphere Anhäufung intensiv gefärbten Chromatins an den Kernmembranen! Hä.-Eos.-Präparat. Obj. $^1/_{12}$ Ölimmers., Ok. 8. Mikrophoto.

vor der Geburt einsetzen, aber erst in unmittelbarer Zeit nach derselben ihren Höhepunkt erreichen. Zu dieser Zeit erkennt man die Schilddrüse fast

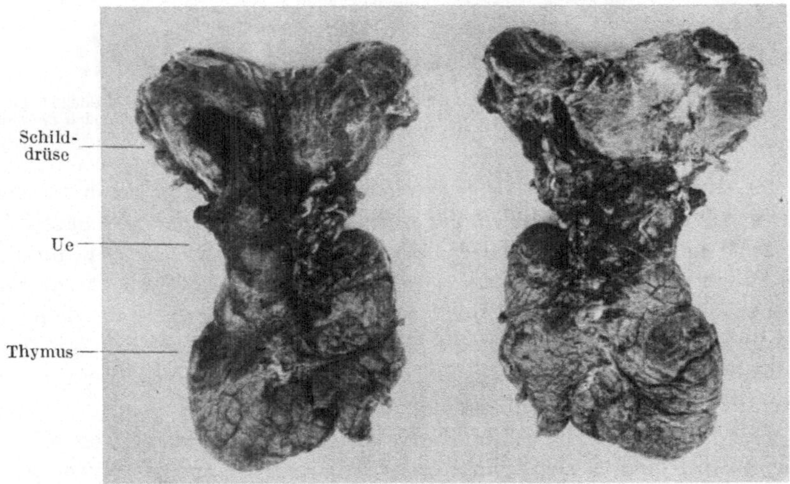

Abb. 14. Neugeborenes, sehr gut entwickeltes Mädchen. Tod in der Geburt. *Man beachte den kontinuierlichen Zusammenhang von Schilddrüse und Thymus bei Ue!* In der Ansicht von hinten sieht man an dieser Stelle eine Menge kleiner Fettgewebsläppchen. Natürliche Größe.

nicht wieder: hochgradige Blutfülle, prall mit Blutkörperchen gefüllte, vielfach erweiterte Capillaren, enge, größtenteils mit hohen Epithelzellen ausgefüllte Follikel, in denen kaum Kolloid anzutreffen ist, und eine ganz außerordentliche

Vielgestaltigkeit der Follikelzellen und ihrer Kerne beherrschen das mikroskopische Bild der *Neugeborenenschilddrüse*.

Ich möchte nun auch hier wiederum auf die besonderen, *hellen Zellkomplexe* aufmerksam machen, denen wir schon oben mehrfach begegnet sind.

Zunächst ist mir beim Präparieren der Neugeborenenschilddrüse aufgefallen, daß hier besonders enge, schon grobanatomisch häufig deutlich erkennbare Verbindungen bzw. kontinuierliche Übergänge zwischen Schilddrüse und Thymus bestehen. Wenngleich sie nicht immer so ausgeprägt vorhanden sind, wie im

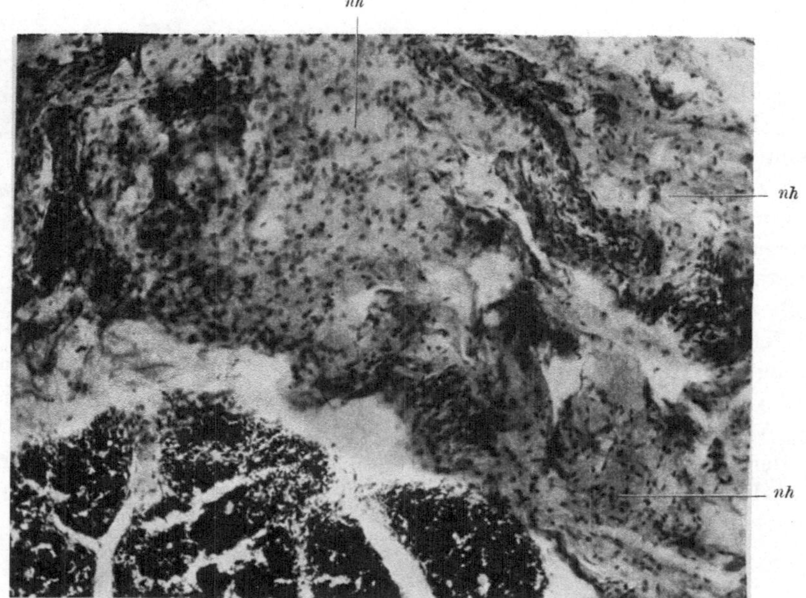

Abb. 15. Serienschnitt aus der Stelle *Ue* in Abb. 14, wo der Übergang des Thymus in die Schilddrüse eines neugeborenen Mädchens dargestellt ist. Man beachte die Schwärme hellkerniger Zellen (*nh*), die sich zwischen Thymus und Schilddrüse befinden! Hä.-Eos.-Präparat. Mikrophoto. Übersicht.

Lichtbild der Abb. 14 zu sehen (*Ue*), so sind die Verbindungen nach meinen Beobachtungen doch stets vorhanden und können sich — falls nicht so massiv — in Form eigenartig weiß erscheinender, zartgewebiger Übergänge finden, die ich als „*weiße Thymusstraße*" der *Schilddrüse* bezeichnet habe. Diese liegt zumeist der Trachea ziemlich unmittelbar auf, und zwar weniger in der Mitte als vielmehr rechts und links an ihr, wobei meist die eine Seite stärker entwickelt ist. Das prätracheale lockere Fettgewebe scheint hier eine besondere Rolle dabei zu spielen, worauf unten noch zurückzukommen ist.

Wenn man von der „weißen Thymusstraße", die also der Stelle bei *Ue* in Abb. 14 entspricht, gute Serienschnitte anfertigt, so kann man unschwer feststellen, daß sie beim Neugeborenen aus einer *erstaunlich großen Menge hellkerniger, großer Epithelzellen besteht* (Abb. 15, *nh*), die sich einerseits kontinuierlich in den Thymus, andererseits ebenso in die Schilddrüse hinziehen, wobei hier beim Neugeborenen zweifellos der größte Anteil dieser eigenartigen Zellen direkt am Schilddrüsenhilus und in der Schilddrüse selber anzutreffen ist (Abb. 16, *nh*). Das Mikrophotogramm der Abb. 17 zeigt sie bei stärkerer Vergrößerung unmittelbar am Schilddrüsenhilus. Die hierzu gehörige Schilddrüse befindet sich im

Stadium hochgradiger Aktivierung (Abb. 18) mit allen Zeichen, die oben aufgeführt sind.

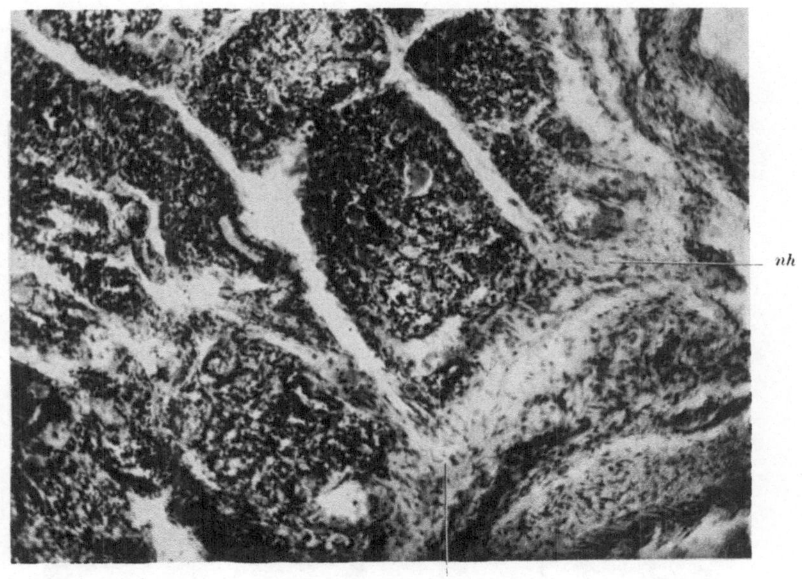

Abb. 16. Die hellkernigen Zellen (*nh*) aus dem gleichen Präparat der Abb. 15 am Schilddrüsenhilus und innerhalb der Schilddrüse. Übersicht.

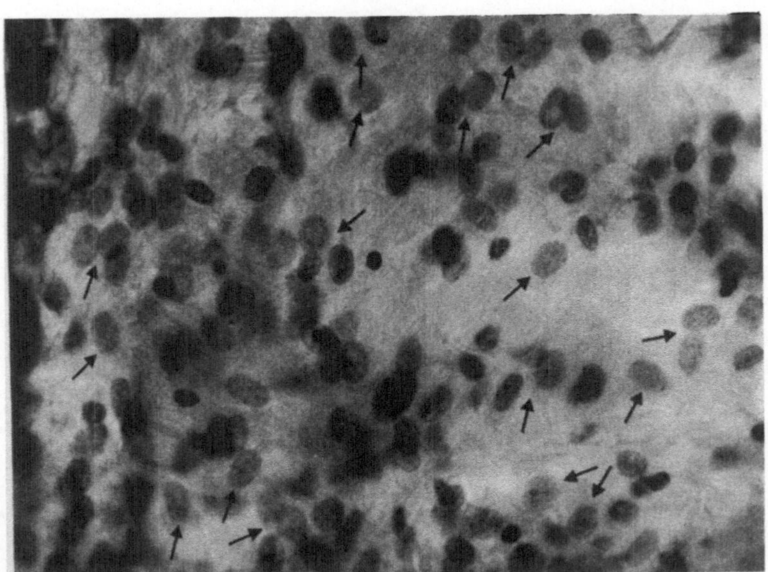

Abb. 17. Die (gleichen) *hellkernigen Zellen* (↗) der Abb. 16 (*nh*) am Schilddrüsenhilus bei stärkerer Vergrößerung. Mikrophoto. Obj. D, Ok. 6.

Bemerkenswert ist, daß z. B. in einer anderen Untersuchungsserie, die ich von Schilddrüse und Thymus eines neugeborenen, gut entwickelten Knaben anfertigte, der in der Geburt starb, die Schilddrüse ausnahmsweise wenig aktiviert war (Abb. 19). Bei diesem Jungen fanden sich die beschriebenen hellkernigen, großen Epithelzellen bei weitem in der Überzahl jetzt noch im Thymus vor,

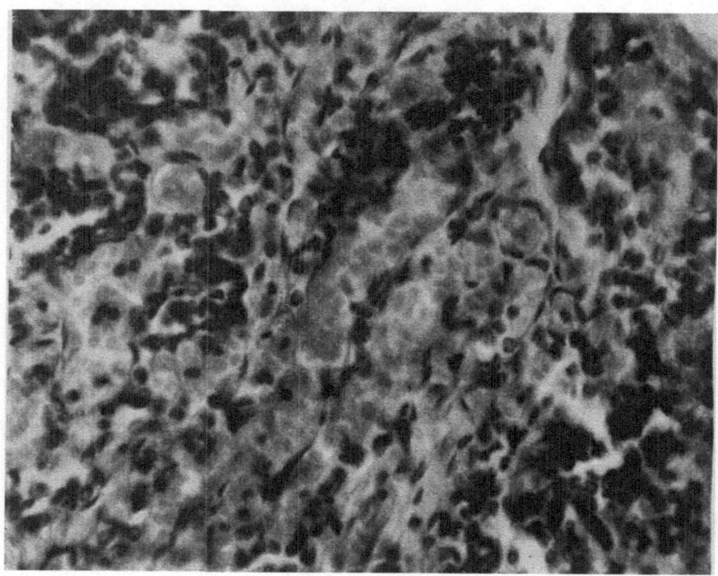

Abb. 18. Hochaktive Schilddrüse eines neugeborenen Mädchens. Tod in der Geburt. In allen Serienschnitten auch nicht *ein* kolloidgefüllter Follikel vorhanden! Extreme Hyperämie. Mikrophoto. Hä.-Eos.-Meth. Obj. D, Ok. 6.

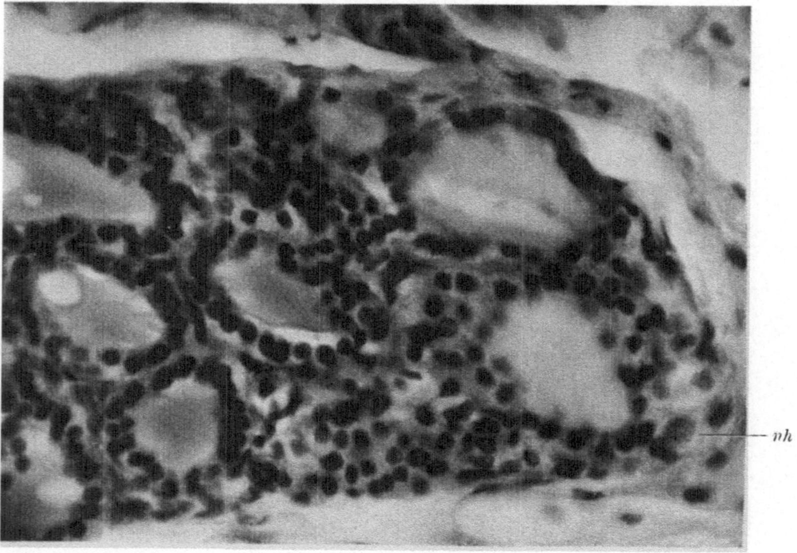

Abb. 19. Wenig aktivierte Schilddrüse eines neugeborenen Knaben. Tod in der Geburt nach vorzeitigem Blasensprung. In allen Serienschnitten massenhaft kolloidgefüllte Follikel. In einem der letzteren bei *nh* eine große, hellkernige Epithelzelle. Mikrophoto. Hä.-Eos.-Methode. Obj. D, Ok. 6.

während die Schilddrüse selber bedeutend weniger davon aufwies. Sie ließen sich aber wiederum in der „weißen Thymusstraße" wie gewöhnlich nachweisen.

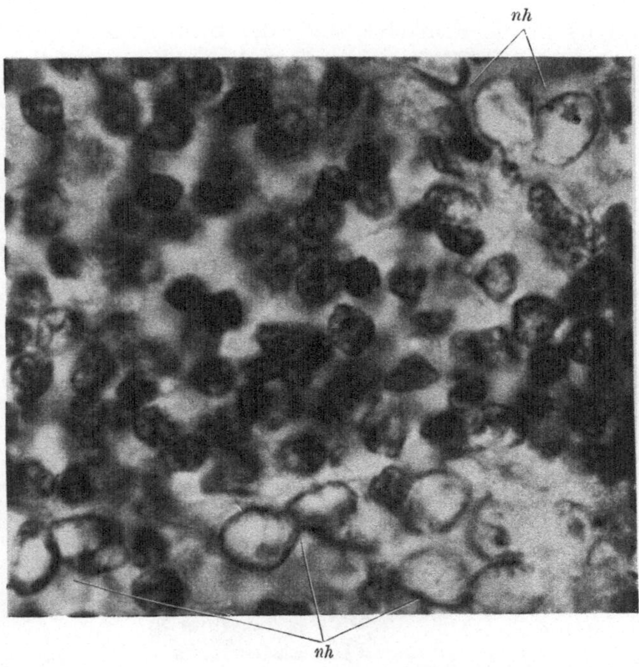

Abb. 20. Neugeborener, gut entwickelter Junge. Tod in der Geburt. Man beachte die *hellkernigen Zellkomplexe* bei *nh* im dunkelkernigen Thymusgewebe! Mikrophoto. Obj. $^1/_{12}$ Ölimmers., Ok. 8, Häm-Eos.-Präparat.

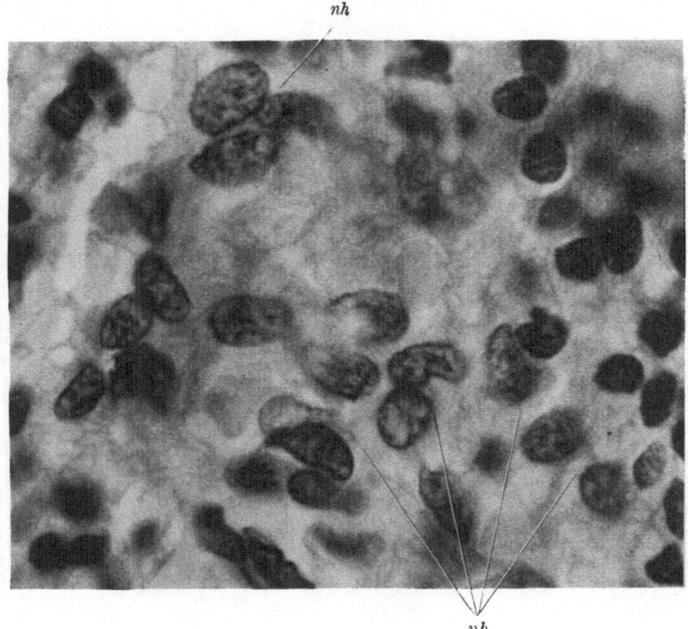

Abb. 21. Gleiches Präparat wie das der Abb. 19. Man beachte die großen, *hellkernigen Zellen* bei *nh*, die in die Follikelverbände der Schilddrüse mit ihren kleineren, dunklen Kernen eingedrungen sind!

Das Mikrophotogramm der Abb. 20 zeigt sie bei Ölimmersion im Thymus (*nh*), während im Mikrophotogramm der Abb. 21 (*nh*) zu erkennen ist, daß sie auch stellenweise bereits in die Follikelverbände der Schilddrüse vorgedrungen sind. Mitten im geschlossenen Follikelsystem zeigen die hellkernigen Zellen recht schön

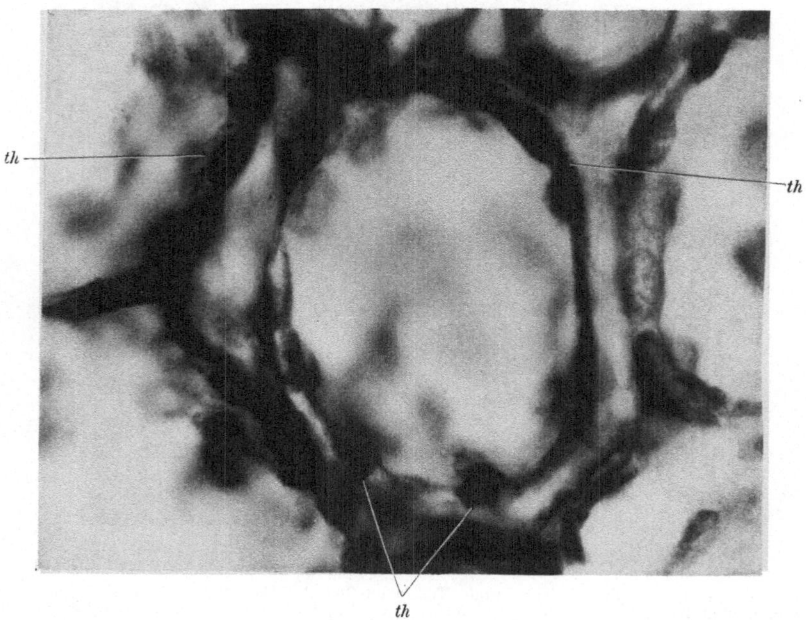

Abb. 22. Hochaktive Schilddrüse eines neugeborenen Mädchens. Es ist auf die dunkelkernigen Follikelzellen (*th*) eingestellt. Hä.-Eos.-Präparat. Mikrophoto. Obj. $^1/_{12}$ Ölimmers., Ok. 6.

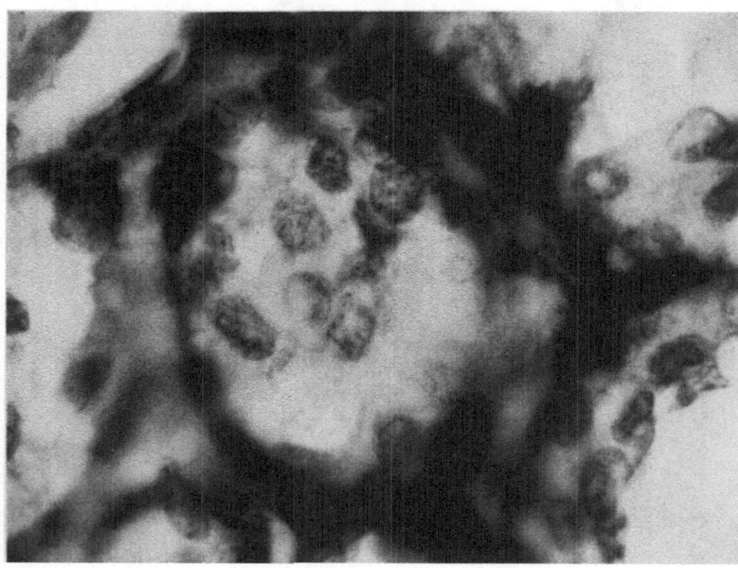

Abb. 23. Gleiches Präparat wie das der Abb. 22 an gleicher Stelle mit nur minimaler Verschiebung der Mikrometerschraube photographiert bei gleicher Vergrößerung. Man beachte sehr große, hellkernige Zellen im Follikelverband!

das Mikrophotogramm der Abb. 22 und besonders der Abb. 23, die wiederum von der hochaktiven Schilddrüse des neugeborenen Mädchens stammen. Es ist in diesen beiden letzten Abbildungen genau die gleiche Stelle zweimal photographiert. Das erstemal ist auf die dunkelkernigen, kleineren Follikelwandzellen (Abb. 22, *th*) eingestellt, während das zweitemal auf die *hellkernigen großen Epithelzellen* scharf eingestellt ist. Wie sich im Verlaufe dieser Studien noch zeigen wird, handelt es sich bei diesen hellkernigen, großen Epithelzellen nicht um degenerierte Follikelbestandteile oder Desquamationsprozesse des Epithels, vielmehr *bilden diese hellkernigen großen Epithelzellen wohl den wichtigsten Bestandteil eines einzigartigen Systems, das Schilddrüse und Thymus unter dem Einfluß des parasympathischen Anteils im vegetativen Nervensystem zu einem biologischen Komplexmechanismus besonderer Art verkoppelt!*

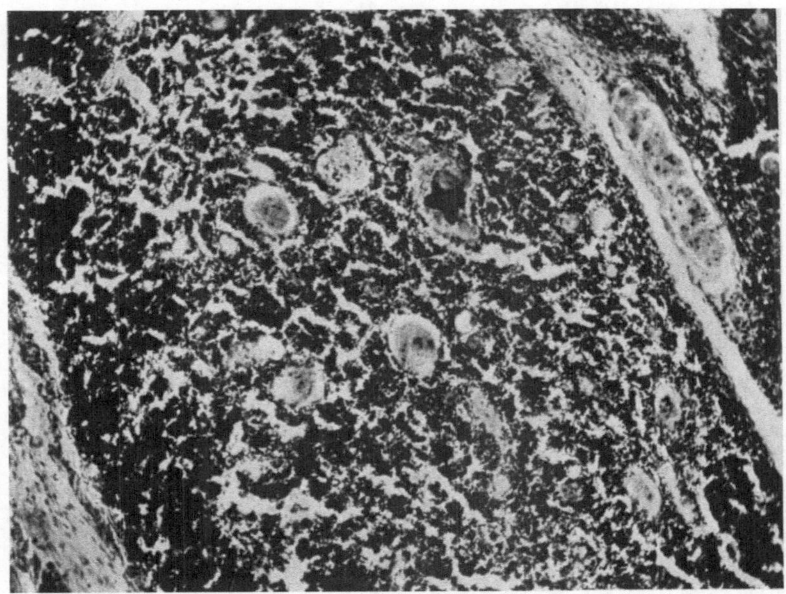

Abb. 24. Neugeborener Mensch (♀). Im Thymus viele HASSALsche Körperchen. Hä.-Eos.-Präparat. Mikrophoto. Übersicht.

Ist die Schilddrüse des Neugeborenen zu den äußersten Graden der Aktivierung gekommen, so finden sich in dem zugehörenden Thymusgewebe auffallend viel frische HASSALsche Körperchen und sehr wenig junge hellkernige Epithelzellen (Abb. 24). Dagegen fällt jetzt ein merkwürdiges *Überwiegen der lymphoiden Thymuselemente* auf, während die vielen *frischen* HASSALschen Körperchen, wie auch in Abb. 25 vielleicht zu ersehen ist, lediglich *das Grab der großkernigen, hellen Epithelzellen* darzustellen scheinen. Man kann daraus eigentlich nicht den Schluß ziehen, „der Neugeborenenthymus ist reich an HASSALschen Körperchen"! Dies stimmt zwar im allgemeinen, weil sich auch im allgemeinen dazu eine hochaktive Schilddrüse vorfindet. Es wird aber immer Fälle geben, wo beides nicht so ausgesprochen der Fall ist. Dann sieht man eine nur mäßige Schilddrüsenaktivierung mit Kolloidgehalt der Drüse und dabei eine reichliche, *epitheliale* Ansammlung junger Zellelemente im Thymusgewebe, ohne daß eine auffällige Bildung HASSALscher Körperchen stattfände. Es kommt also immer auf das Stadium an, in dem man gerade untersucht, und in dem Schilddrüse und Thymus sich beim Tode zufällig befanden. Dabei wird man beim Menschen heutzutage berücksichtigen müssen, welche Medikamente bzw. Injektionen der Mutter während der Geburt oder Gravidität gegeben wurden (ob jod-, calcium- oder vitaminhaltig, um nur einiges zu nennen), warum das Kind bei oder direkt nach der Geburt starb usw. Es liegt hier zweifellos noch ein weitgehend unbearbeitetes Gebiet vor, das nicht nur Histologen und Physiologen, sondern nicht minder auch die Gynäkologen interessieren wird. Auf meine Veranlassung führt zur Zeit der Oberarzt der hiesigen Universitäts-Frauenklinik (Doz. Dr. GOECKE) weitere diesbezügliche Untersuchungen durch, wobei besonders auch noch auf die Verhältnisse des Hypophysenvorderlappens zu Schilddrüse und Thymus bei Kindern zu Ende der Gravidität, zur Geburt und in den ersten 10 Tagen nach derselben zu achten ist.

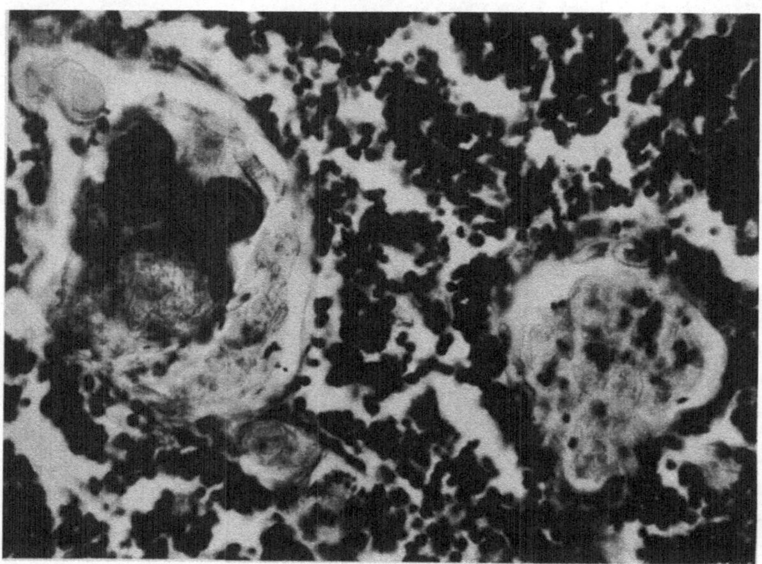

Abb. 25. Gleiche Stelle der Abb. 24 bei stärkerer Vergrößerung zeigt 2 „frische" HASSALsche Körperchen von beträchtlicher Größe. Mikrophoto. Obj. D, Ok. 6.

Wie ist die im allgemeinen hochgradige Aktivierung der Neugeborenenschilddrüse zu erklären? Man geht kaum fehl, wenn man mit EGGERT (1938) u. a. annimmt, daß bei Beginn des postembryonalen Lebens ein plötzlicher, starker Mehrbedarf an Schilddrüsenstoff eintritt, da die Neugeborenen die Wärmeregelung bei bedeutend herabgesetzter Außentemperatur und erschwerter Ernährung plötzlich fast selbständig bestreiten müssen. Der auffallend stürmische Ablauf der Schilddrüsenveränderungen wird dadurch gut verständlich, daß der Abfall der Umgebungstemperatur bei der Geburt ziemlich schnell erfolgt, weshalb der Organismus nur durch rasch gesteigerten Stoffwechsel der veränderten Lage Herr werden kann. Dies bewirkt er dadurch am schnellsten, daß er die Schilddrüse zu sofortiger Abgabe der während der Embryonalzeit größtenteils gespeicherten Kolloidvorräte und zu gesteigerter, erneuter Produktion veranlaßt.

Gewöhnlich wird die aktivierte Schilddrüse des neugeborenen Kindes innerhalb weniger Tage wieder weitgehend ruhig gestellt. Nach einer Abbildung von WATZKA (1934) ist dies schon am 6. Lebenstag deutlich zu erkennen; man sieht dann bereits wieder gut ausgebildete Follikel mit schwach anfärbbarem Kolloid.

Der zugehörende Thymus solcher Kinder mit inzwischen wieder ruhiggestellter Schilddrüse zeigt einen ganz außerordentlichen Reichtum an HASSALschen

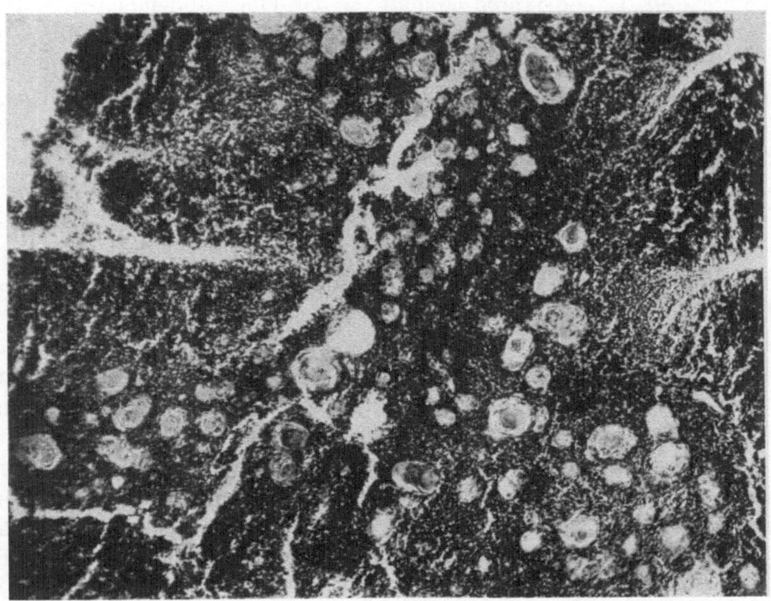

Abb. 25a. Zur wieder ruhiggestellten Schilddrüse eines 7 Tage alten Jungen gehörender Thymus. Luminarübersicht. Man beachte den außerordentlichen Reichtum an HASSALschen Körperchen! Hä.-Eos.-Präparat. Mikrophoto.

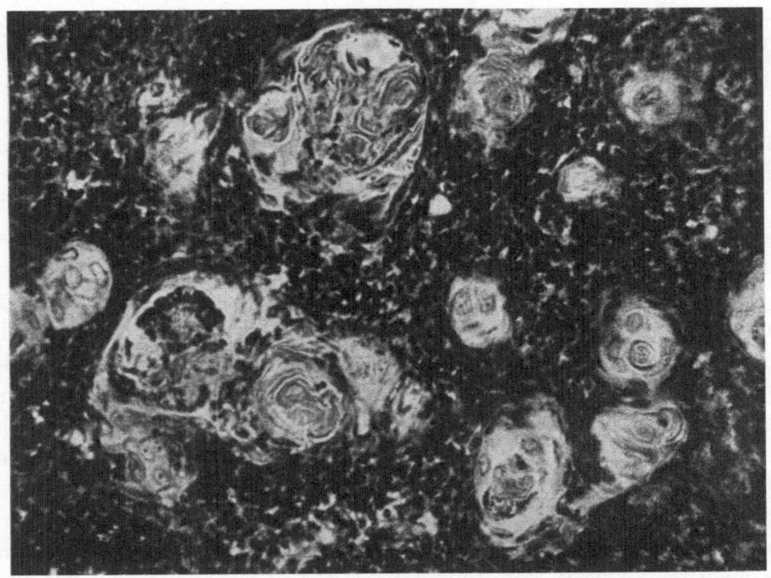

Abb. 25b. Gleiche Präparatenserie wie das der Abb. 25a. Die zahlreichen HASSALschen Körperchen stellen das Grab der hellkernigen, großen epitheloiden Zellen dar. Mikrophoto. Obj. D, Ok. 6.

Körperchen (Abb. 25a), die — wie Abb. 25b bei stärkerer Vergrößerung zeigt — das Grab der hellkernigen, epitheloiden Zellen darstellen. — Nach DE OCA (1930) findet sich bei der kindlichen Schilddrüse weiterhin ein gemischt mikrofollikulär-parenchymatöser Typus vor.

In den ersten Lebensjahren kommt es zu einer allmählichen, ständigen Gewichtszunahme der Schilddrüse bis zum Beginn der Pubertät (Isenschmid 1910). Thomas (1934) führt diese Gewichtszunahme hauptsächlich auf Kolloidspeicherung und dadurch verursachte Vergrößerung der Follikel zurück. Es wäre demnach anzunehmen, daß die *kindliche Schilddrüse* nach der Geburt bis etwa zum 10. Lebensjahre eher einer *Ruheschilddrüse* gleicht, wobei aber selbstredend die Möglichkeit einer mäßigen Inkretabgabe jederzeit bestehen bleibt. Thomas fand dann weiter, daß nach dem 10. Lebensjahr bis zum Beginn der Pubertät eine *Zunahme des Parenchyms* einsetzt; denn jetzt tritt mit der Pubertät wiederum eine gesteigerte endokrine Tätigkeit im biologischen Geschehen des Organismus ein.

Es läßt sich weiterhin ziemlich allgemein feststellen, daß die Schilddrüse an wichtigen Vorgängen des Gesamtorganismus ihrerseits während des ganzen Lebens ständig bis zu einem gewissen Grade teilnimmt, und zur Beurteilung des späteren Schilddrüsenzustandes ist es wichtig zu wissen, daß die Schilddrüse schon physiologischerweise zeitlebens einem ständigen Wechsel in ihren jeweiligen Zustandsbildern unterliegt. Abelin (1938) und Eggert (1938) weisen auf das „jahreszyklische Verhalten" der Schilddrüse hin, die Veränderungen während der Geschlechtsperioden, der Häutung, der Mauser, im Alter. Auch wird der Schilddrüse eine besondere Bedeutung für die Rassenbildung zugeschrieben. Es zeigt sich im allgemeinen immer wieder eine erhöhte Tätigkeit der Schilddrüse in Zeiten *gesteigerter Leistungen des Gesamtorganismus,* also — wie oben erwähnt — in der Pubertät, aber auch während des Wanderns und Streichens der Zugvögel, und umgekehrt eine Rückbildung, z. B. auch im Alter. Nach Watzka (1934) zeigen die frei lebenden, nicht winterschlafenden Säugetiere und Vögel, die eine gute Wärmeregulation besitzen, im Sommer eine kolloidreiche Ruheschilddrüse, dagegen im Winter infolge der zur Aufrechterhaltung der Körpertemperatur notwendigen, gesteigerten Oxydationen eine aktive, kolloidarme Schilddrüse. Bei den winterschlafenden Säugern dagegen ist das Verhalten umgekehrt: im Winter eine inaktive, im Sommer eine aktive Schilddrüse.

Alle diese Vorgänge muß man bei Beurteilung tierischer Schilddrüsen in Rechnung stellen, um vor Trugschlüssen bewahrt zu bleiben. Es dürfen daher immer nur *gleichalterige Tiere* in eine Versuchsreihe aufgenommen werden; sie müssen unter denselben Lebensbedingungen gehalten werden (gleichbleibende Stallwärme und Lichtverhältnisse, gleiches Futter usw.). Die ziemlich große Abhängigkeit der Schilddrüse von alimentären Faktoren ist zur Genüge aus den Arbeiten von Paal und Kleine (1933) bekannt. Geht man unter Berücksichtigung der genannten Umstände so vor, daß man immer nur Schilddrüsenbilder aus der gleichen Versuchsreihe vergleichend auswertet, so kann man sehr wohl zu eindeutigen und sicheren Ergebnissen gelangen.

Man kann — abgesehen von den genannten Schwankungen —, wobei besonders auch der Ablauf von Infektionskrankheiten, Fieber usw. zu berücksichtigen ist, im allgemeinen bei Mensch und Tier feststellen, daß ein gesundes Individuum auf der *Höhe seines Lebens* über eine ziemlich gleichmäßig gebaute Schilddrüse verfügt, die sich hauptsächlich durch gut geformte, zumeist mit Kolloid gefüllte Follikel auszeichnet, wobei man immer an einigen Stellen *eigenartige*

Parenchymkomplexe mit besonders großkernigen und vielfach auch *hellen Kernen* feststellen kann, die auf eine irgendwie gesteigerte und — ich möchte sagen —-

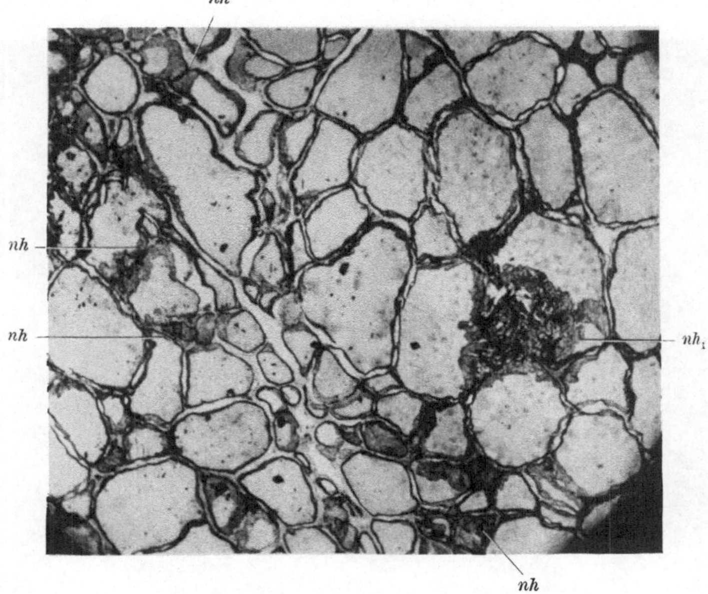

Abb. 26. 55jähriger Elefant, erschossen. Schilddrüse lebensfrisch fixiert. Man beachte innerhalb der ziemlich gleichmäßig geformten, kolloidgefüllten Follikel an verschiedenen Stellen besondere Parenchymkomplexe_(*nh*)! Hä.-Eos.-Präparat. Mikrophoto. Luminarübersicht.

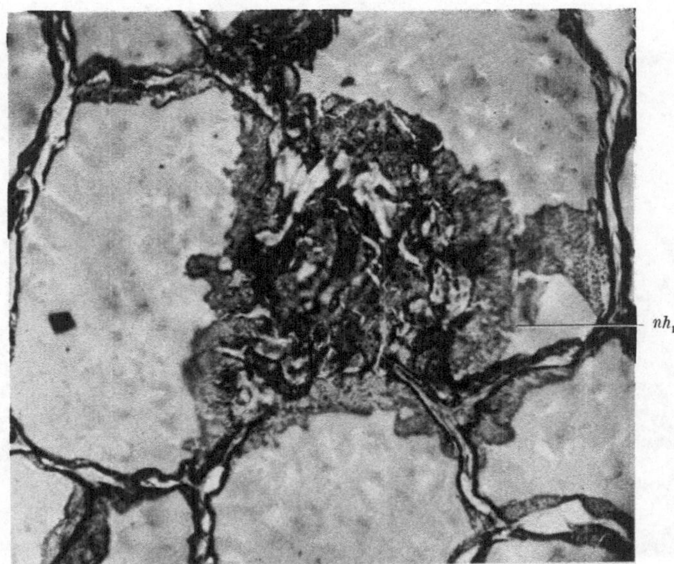

Abb. 27. Lebensfrisch fixierte Schilddrüse eines 55jährigen, erschossenen Elefanten. Stelle der Abb. 26 bei *nh*₁ mit stärkerer Optik. Mikrophoto. Obj. D, Ok. 6.

„lokal begrenzte" inkretorische Tätigkeit des Organs hindeuten. Im Mikrophotogramm der Abb. 26 zeige ich dies an der Schilddrüse eines 55jährigen

Elefanten. Man sieht im ziemlich gleichmäßigen Follikelbau des Übersichts-
bildes der kolloidgefüllten Drüse an verschiedenen Stellen (*nh*) die genannten
Parenchymkomplexe, z. B. auch bei nh_1. Betrachtet man die letztere Stelle

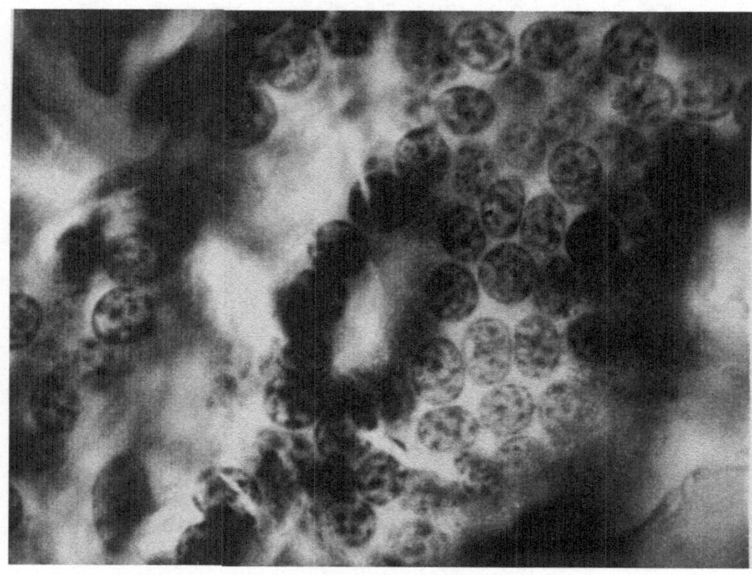

Abb. 28. Stelle der Abb. 27, bei nh_1 mit $^1/_{12}$ Ölimmersion und Ok. 6 photographiert. Schilddrüse eines 55jährigen
Elefanten, lebensfrisch fixiert.

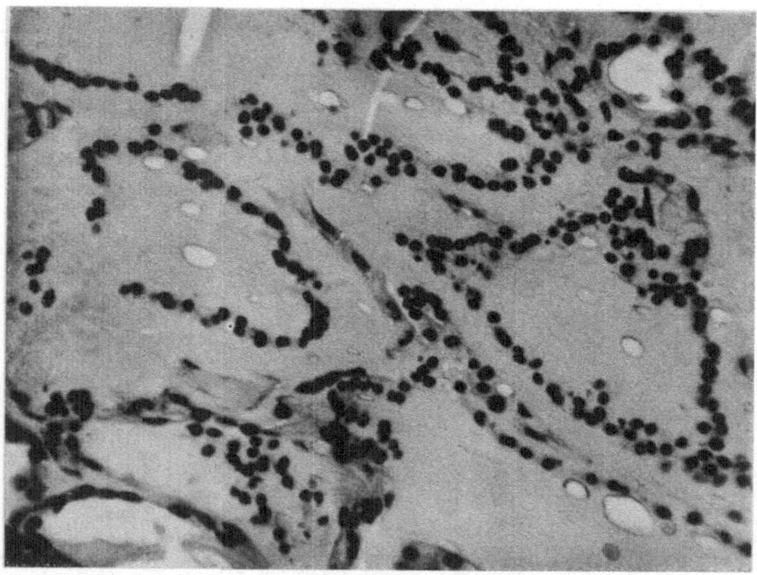

Abb. 29. Lebensfrisch fixierte, normale Schilddrüse eines 74jährigen Mannes. An dieser Stelle deutliche *Atrophie
der Follikel!* Von hellkernigen, großen Zellen keine Spur mehr. Hä.-Eos.-Präparat. Mikrophoto. Obj. D., Ok. 6.

mit stärkerer Optik, so sieht man schon (Abb. 27), daß hier ein merkwürdiges,
papillenartiges Vordrängen großkerniger heller Zellen in die Follikellumina
stattfindet, wobei die einzelnen Zellelemente bei Ölimmersion (beachte die An-

ordnung des Chromatins i. d. Kernen! Abb. 28) natürlich noch klarer zur Anschauung gebracht werden können. Es findet sich innerhalb dieser Komplexe, die wie *Pilzschwämme an der Innenwandung der Follikel hängen*, auch fast regelmäßig eine sehr ausgeprägte capilläre Hyperämie, und man geht wohl kaum fehl, wenn man hier eine normale „*lokale Aktivierung*" der Schilddrüse eines auf der Höhe des Lebens stehenden Individuums annimmt.

Im Gegensatz hierzu findet man im Alter normalerweise unverkennbare *Rückbildungsvorgänge* an der schon grobanatomisch deutlich *verkleinert* erscheinenden Schilddrüse. Aber es sei hier wiederum betont, daß derartige Rückbildungsvorgänge, wie sie z. B. das Mikrophtogramm der normalen Schilddrüse

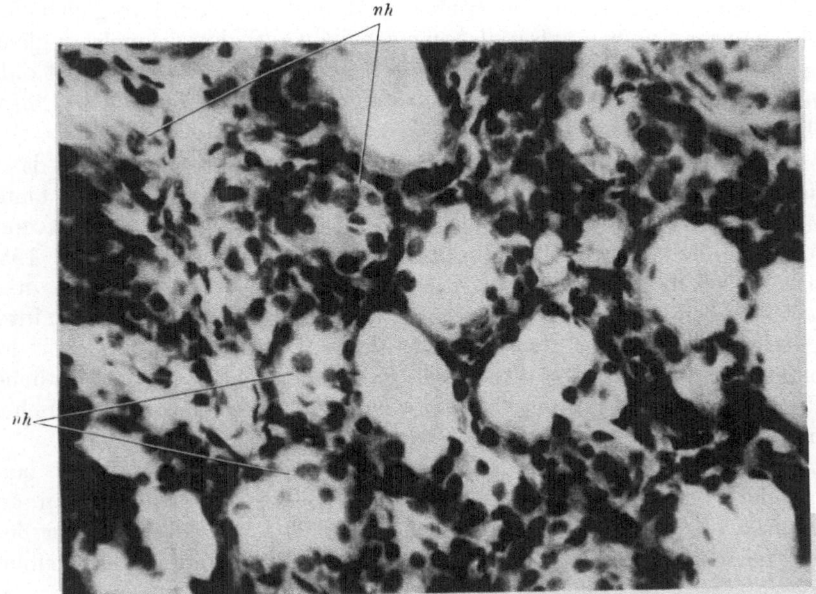

Abb. 30. Lebensfrisch fixierte, normale Schilddrüse eines 74jährigen Mannes. Gleiches Präparat wie das der Abb. 29. An dieser Stelle gut erhaltene, aktive Follikel mit vereinzelten hellkernigen, großen Zellen (*nh*). Mikrophoto. Obj. D, Ok. 6.

eines 74jährigen Mannes in Abb. 29 deutlich erkennen läßt, noch durchaus *lokalen Charakter* tragen, womit gesagt sein soll, daß sie sich fast nie auf die *ganze* Altersschilddrüse erstrecken. Ich fand auch in der Altersschilddrüse große Komplexe sehr schön erhaltener Follikel (Abb. 30), an denen von Rückbildung nicht viel bemerkbar war, vielmehr schien manches darauf hinzudeuten — dazu rechne ich z. B. unter anderm auch die Anwesenheit heller, großkerniger Zellen (siehe Abb. 30 bei *nh*) —, daß auch in der Schilddrüse des hohen Alters noch durchaus inkretorisch aktive Gewebskomplexe normalerweise vorkommen.

II. Der Schilddrüsenfeinbau.

Wie aus den vorangehenden Darlegungen ersichtlich ist, kann der Feinbau der Schilddrüse normalerweise beträchtlichen Schwankungen unterworfen und ziemlich verschieden im Aussehen sein, je nach dem Phasenbild, das man gerade fixiert hat, bzw. in welchem Lebensstadium das zugehörende Individuum sich zufällig befunden hat. Dies muß man weitgehend in Rechnung stellen, wenn man vom normalen Schilddrüsenfeinbau spricht. Daß man dabei seine Untersuchungen möglichst ausschließlich nur an guten Serienbildern des *ganzen Organs* durchzuführen hat sowie auf lebensfrische Fixierung bedacht sein muß, sind selbstverständliche weitere Forderungen. Als Fixierungsmittel empfehle ich 12%iges neutrales Formol.

Was die normale Größe der Schilddrüsenfollikel beim Menschen betrifft, so läßt sich ein allgemein gültiger Maßstab schwer angeben. Ziemlich regelmäßigen und ausgeglichenen Follikelbau findet man bei Menschen kurz vor der Lebenshöhe, etwa dem 35.—40. Lebensjahr. Nach den Untersuchungen von DE OCA an Schilddrüsen von Japanern sind die größten Follikel in der Pupertätsschilddrüse und nach der Lebenshöhe vorhanden, wie seine vergleichenden Follikelmessungen ergeben haben; dagegen scheinen auch dort die meisten gleichmäßig gebauten Follikel auf der vollen Lebenshöhe vorzukommen. Es ist dabei natürlich auch klimatischen Unterschieden ein oft entscheidender Einfluß zuzuschreiben.

Die menschliche Schilddrüse besitzt ein *einschichtiges Follikelepithel*, das je nach dem Funktionszustand des Organs ein wechselnd hohes Aussehen bietet. Während in den Schilddrüsen von Molchen (ADAMS 1934), Schildkröten (FLORENTIN 1926), von Selachiern (BARGMANN 1939) und Eidechsen (EGGERT 1938) gelegentlich auch mehrschichtiges Epithel anzutreffen ist, kommt solches nach SCHAER (1928) beim Menschen niemals vor. Von „Intercellularspalten", „intercellulären Kanälchen" oder ähnlichem, das dem „Durchtritt des Kolloids" aus den Follikeln in die Blutbahn dienen soll, habe ich mich bei der menschlichen Schilddrüse und den von mir untersuchten Tieren (Meerschweinchen, Kaninchen, Hunden, Rhesusaffen) nie recht überzeugen können.

Bezüglich der Lage und Anordnung der Follikel ist zu sagen, daß sich beim Menschen und den Säugetieren die größeren Follikel vielfach mehr in den peripheren Zonen des Organs finden. Über die Größe der Follikel und der Zellkerne genaue Maße anzugeben, halte ich auf Grund des oben über den jeweiligen Funktionszustand Gesagten für ein ziemlich vergebliches Bemühen.

Eine eigentliche Membrana propria fehlt den Follikeln; sie werden hingegen durch wechselnd dicke Bindegewebszüge kollagener Natur gegeneinander abgeteilt. Dies Bindegewebe soll im Alter vermehrt auftreten. Während STÖHR-VON MÖLLENDORF (1933), PETER (1936) und EGGERT (1938) nach BARGMANN (1939) sich für das Fehlen einer Membrana propria der Follikel aussprechen, sehen L. GONZALEZ (1926), FLORENTIN (1932) und LUNA (1933) nach dem gleichen Autor eine bereits von KÖLLIKER (1902) näher beschriebene „homogene Oberflächenschicht", die an dem Epithel liegen soll, als Membrana propria der Schilddrüsenfollikel an. BARGMANN bildet im Azanpräparat einer Schilddrüse von Thalassochelys (Caouana) an der Basis der Follikelwandzellen eine zarte blau gefärbte Lamelle ab, der sich Zellen des angrenzenden Bindegewebes anschmiegen. Schon LIVINI (1909), KOLMER (1917), PLENK (1927), ALLARA (1935) und schließlich auch noch NONIDEZ (1937) zeigen mit Silbermethoden, daß die von BARGMANN beschriebene zarte Lamelle aus feinen argyrophilen Bindegewebsfasern besteht; auch zwischen den Follikeln läßt sich ein ähnliches, gröberes Bindegewebsfaserwerk darstellen. Ich habe das selber schon vor Jahren bei Mensch, Affen, Kaninchen und Meerschweinchen sehr deutlich gesehen, habe seine Darstellung aber nie für eine so beachtliche Leistung gehalten, daß sie einer erneuten Publikation wert sei. Wie aber NONIDEZ zu dem raschen Schluß kommt, jene argyrophilen Bindegewebsfasern seien mit den von mir beschriebenen *nervösen, terminalen Neurofibrillen* identisch und weiterhin mit vielen nervösen Strukturen, die STÖHR jr., BOEKE, REISER und ich in vielen anderen Organen beschrieben haben, ist mir rätselhaft. Eine Verwechselung argyrophiler glatter oder wie Spirochäten in ihren feinsten Aufteilungen geschlängelter Bindegewebs-fäserchen mit dem terminalen *Neuroreticulum*, in dem sich immer — auch in dem allerfeinsten Maschenwerk — typische Varikositäten, charakteristische REMAKsche Knotenpunkte und ein SCHWANNsches Plasmodium vorfindet, wird

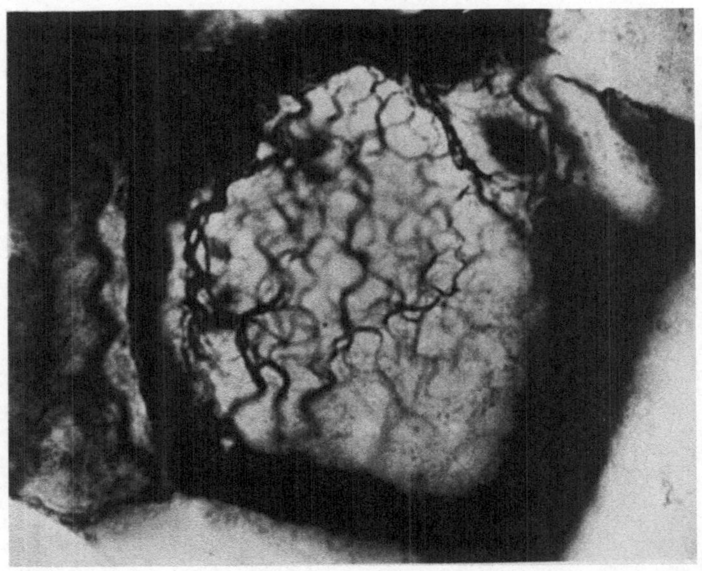

Abb. 31. Schilddrüse eines erwachsenen *Rhesusäffchens*. Darstellung der argyrophilen Bindegewebsfibrillen mit der Silber-Essigsäuremethode. Mikrophoto. Obj. ¹/₁₂ Ölimmers., Ok. 10.

in der Tat niemandem widerfahren, der über eine *einwandfreie, volleistungsfähige, spezifische Methodik und eine ebenso gute, persönliche Erfahrung* verfügt. Vollends *unmöglich* einer solchen Verwechslung und außerhalb jedes weiteren Meinungs-streites befinden sich die eindeutigen Befunde unserer Präparate, in denen wir die *kontinuierliche Ableitung der feinsten terminalen, nervösen Strukturen von gröberen Achsenzylindern* darstellen. Ich erlaube mir, hier in Abb. 31 ein Mikro-photogramm der längst bekannten und von NONIDEZ neu aufgetischten argyro-philen Bindegewebsfasern zu geben. Man erkennt an der Affenschilddrüse sehr schön ihre uns allen geläufigen feinen Strukturen, die mit nervösen Bestand-teilen eben nicht zu verwechseln sind. PH. STÖHR jr. (1937) hat denn auch inzwischen bereits auf NONIDEZS Zusammenstellungen eine sehr klare Erwiderung geschrieben, die jedem zu lesen empfohlen sei, der sich mit derartigen Unter-suchungen befassen will und durch die Anfängerschwierigkeiten hindurcharbeiten muß. STÖHR schließt mit der Feststellung: „1. NONIDEZ hat eine Reihe von Abbildungen unvollkommen imprägnierter Gefäßnerven und über argyrophiles Bindegewebe gebracht. 2. Seiner Behauptung, wonach das argyrophile Binde-gewebe mit unserem *nervösen Terminalreticulum* identisch sei, fehlt jeder Beweis. Seine „Kritik" entbehrt der Erfahrung und Selbstkritik, bringt kein einziges positives Ergebnis und muß daher als durchaus negative Leistung bewertet werden." Daß sich inzwischen schon der eine oder andere Nachläufer NONIDEZscher Kombinationen gefunden hat, soll uns im übrigen nicht weiter beirren. Übrigens ist die Auffassung von NONIDEZ inzwischen auch schon von anderen Autoren abgelehnt.

BARGMANN (1939) meint, wenn auch bislang in der Schilddrüse keine die Bindegewebsfibrillen zu einer geschlossenen Haut vereinigende Kittsubstanz gefunden sei, so sollte seines Erachtens trotzdem nicht von der völliger Abwesenheit einer fibrillär gebauten, als Basalmembran oder Membrana propria

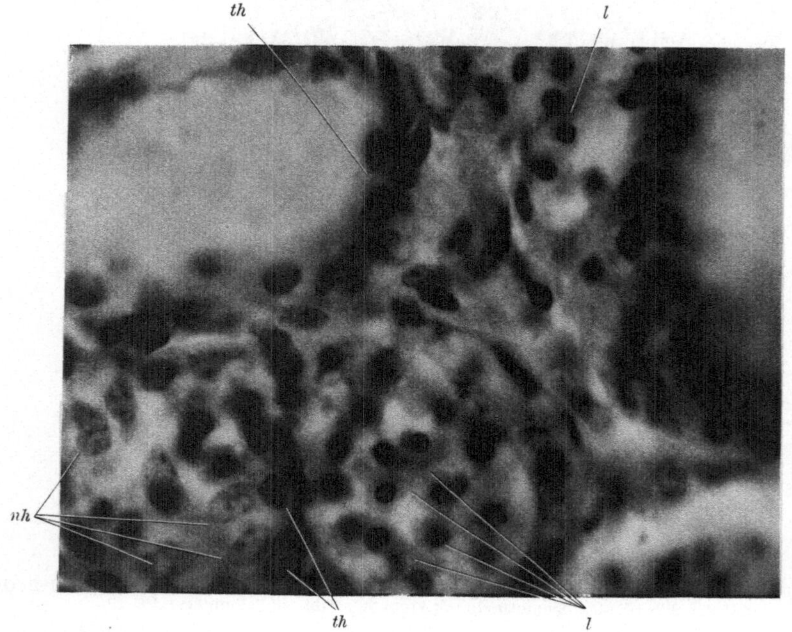

Abb. 32. Schilddrüse eines Meerschweinchens, das 6 mal 100 MsE thyreotropes Hormon + je 40 γ Vitamin-B₁ intraperitoneal erhielt. Man beachte zahlreiche Lymphocyten (*l*) in den Follikelverbänden und im Interstitium, die von einem eosinophilen (in den Präparaten blaß-rosa-rotem) Plasmahof umgeben sind. *nh* hellkernige, große Zellen im Follikelverband, *th* Thyreocyten. Hä.-Eos.-Präparat. Mikrophoto. Obj. D, Ok. 8.

zu bezeichnenden Grenzschicht an der Außenfläche der Follikel gesprochen werden. Man kann jene Ansicht vorläufig dahingestellt sein lassen, wenngleich ich selbst mich nicht zu ihr bekenne. Wie sich unten zeigen wird, sind die Follikel ganz und gar nicht als statisch feste Gebilde zu betrachten, so daß ihnen eine Membrana propria zukommen müßte. Vielmehr wird sich herausstellen, daß in den Schilddrüsenfollikeln ein ständiges Hin und Her bedeutsamer Zellvorgänge das ganze Leben hindurch stattfindet, wobei eine „Membrana propria" vielleicht nur hinderlich im Wege stehen würde.

Es können übrigens auch elastische Fasern im interfollikulären Bindegewebe ziemlich eng an den Follikeln angetroffen werden. Nach ALLARA (1934) weist das zwischen den Follikeln vorhandene elastische Fasernetz im Alter eine größere Dichte auf.

Lymphocyteninfiltrate, auf deren Anwesenheit in Basedowstrumen weiter unten noch zurückzukommen ist, fand ich in den von mir untersuchten *normalen* Schilddrüsen nicht. Dagegen traf ich sie in großem Ausmaß in den Schilddrüsen an, deren Tiere ich mit thyreotropem Hormon + gleichzeitigen Gaben von Vitamin B$_1$ behandelt hatte; sie waren dabei zumeist von einem blaß-eosinophilen kleinen Protoplasmahof umgeben. Wie im Mikrophotogramm der Abb. 32 zu sehen ist, befinden sich die Lymphocyten solcher Schilddrüsen teils im Follikelverband, teils im Interstitium. Ich fand sie immer in solchen tierischen Schilddrüsen, die eine sehr hohe, künstlich herbeigeführte Aktivierung aufwiesen, und immer sind die Lymphocyten dann mit einem blaßroten (in Hä.-Eos.-Präparaten) Protoplasmahof umgeben. Ich glaube nicht, daß sich die Lymphocyten am Abtransport des Kolloids beteiligen, bin vielmehr der Ansicht, daß sie vielleicht

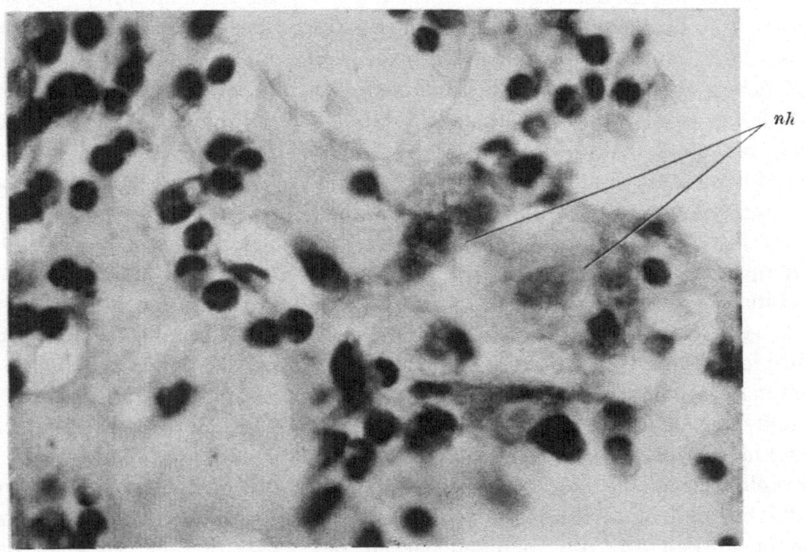

Abb. 33. Stark aktivierte Schilddrüse eines mit artfremdem Eiweiß sensibilisierten Kaninchens. Alle sichtbaren dunklen Kerne sind im Präparat leuchtendrot granulierte, polymorphkernige, *eosinophile Leukocyten*, die große, hellkernige Zellen (*nh*) in den Interstitien und besonders im Kapselgewebe umschwärmen. Hä.-Eos.-Präparat. Mikrophoto. Obj. D, Ok. 6.

— falls dieser Plasmahof aus Kolloid besteht, wie es scheint — ein Bestreben des Organismus darstellen, *die plötzliche und übermäßige Sekretabfuhr aus den Follikeln einzudämmen* und einen Teil des Kolloids in der Schilddrüse festzuhalten.

In Schilddrüsen mit thyreotropem Hormon behandelter und gleichzeitig artfremdem Eiweiß sensibilisierter Meerschweinchen fand ich außerdem in sehr großer Anzahl pericapillär gelagerte *Haufen rein eosinophiler Leukocyten* vor, die in gleichem Maße bei diesen Tieren auch *in* den Capillaren der Schilddrüsen vorhanden waren. Das Mikrophotogramm der Abb. 33 zeigt sie in sehr großer Anzahl am Schilddrüsenhilus eines Kaninchens, das mit sterilem, inaktiviertem Schweineserum sensibilisiert war: alle in der letztgenannten Abbildung sichtbaren polymorphkernigen Zellen sind in den Präparaten in Wirklichkeit *leuchtendrotgranulierte Eosinophile!* Dabei fällt in den Schilddrüsen sensibilisierter Tiere besonders auf, daß überall dort, wo sich eosinophile Leukocyten in den Interstitien der Schilddrüse befinden, aber auch im Kapselgewebe und am Hilus, *große, hellkernige Epithelzellen mit pyknotischen Kernen* anzutreffen sind, deren Plasmaleiber (Abb. 33, *nh*) im Gewebe zu „zerfließen" scheinen, wobei sich die

Umgebung solcher Zellkomplexe identisch mit einem kolloidgefüllten Follikel-
inhalt färbt. Es wäre somit denkbar, daß die großen hellkernigen Epithelzellen
unter Umständen in der Lage sind, anscheinend auf lokale Einwirkung eosinophiler Leukocyten hin ihr Sekret direkt ins umgebende Gewebe abzugeben,
was vielleicht wiederum als eine Sicherung des Organismus gegenüber einer zu
massiven Inkreteinsonderung direkt in den Kreislauf angesehen werden könnte.
Es sind dies Teilfragen einer Arbeitshypothese, die uns noch in ihren Einzelheiten beschäftigen wird.

Beachtenswert erscheint weiterhin, daß sich am Schilddrüsenhilus und in
Kapselnähe der Drüse stets — von der Geburt bis ins hohe Alter — eigenartige
Inseln von Fettgewebskomplexen nachweisen lassen. Ich habe sehr häufig in
jenen Fettgewebskomplexen die großen hellkernigen Epithelzellen angetroffen,
von denen oben mehrfach die Rede war, und ich werde die Meinung nicht los,
daß das in unmittelbarer Nähe der Schilddrüse befindliche Fettgewebe, das sich
auch bei großer Magerkeit nicht verändert, irgendwie noch mit besonderen
Schilddrüsenfunktionen zusammenhängt, die zur Zeit noch nicht klar überblick-
bar sind (ich denke besonders an die Art der Inkreteinsonderung an den Organismus), und denen daher unsere besondere Aufmerksamkeit weiterhin gewidmet
sein muß.

Eine Reihe von Autoren hat sich in den letzten Jahren dem Studium des
GOLGI-Apparates der Schilddrüsenzellen zugewandt. Im allgemeinen kann man
heute feststellen, daß sich die Erwartungen, die man den diesbezüglichen Untersuchungsergebnissen entgegengebracht hatte, nur zum Teil erfüllt haben. Meines
Erachtens liegt das zum größten Teil daran, daß bis jetzt überhaupt noch nicht
sicher nachgewiesen ist, ob der GOLGI-Apparat überhaupt ein lebendiges Teilstück
der Follikelzelle ist, oder ob er vielmehr lediglich als Artefakt gewertet werden
muß. So muß man denn auch all die Versuche, aus seinem Vorkommen und
jeweiligem Bau auf die „Umkehrbarkeit der Polarität der Schilddrüsenzelle"
zu schließen, vorerst als illusorisch betrachten. Dessenungeachtet mag der
GOLGI-Apparat geeignet erscheinen, uns manches über den jeweiligen Funktionszustand einer Zelle zu verraten, wie vor allem die Untersuchungen von ISHIMARU
(1926), INGRAM (1930), ALEXANDROV (1930), WAGSCHAL (1931), OKKELS (1932),
WAHLBERG (1932), UOTILA (1934) und UHLENHUT (1934) gezeigt haben. Aber
die eigentliche Bedeutung des GOLGI-Apparates ist — wie gesagt — keineswegs geklärt.

Da sich in den Reihen der gewöhnlichen Schilddrüsenfollikelzellen auch immer
solche Elemente finden, deren Zelleiber eine stärkere Tingierung aufweisen, die
in ihrer Art an das intrafollikuläre Kolloid erinnert, so nannte man diese Zellen
„Kolloidzellen". Man hält sie für degenerierende Follikelzellen; ihre Entstehung
soll die Folge einer übermäßigen Zellbeanspruchung sein, da sich die „Kolloidzellen" besonders in aktivierten Schilddrüsen feststellen ließen (HELLBAUM
1936). Ein gleiches Auftreten von degenerierenden Follikelzellen fand ALLARA
(1938) in „überaktivierten" Schilddrüsen. Daß derartige Degenerationsprozesse
oft mit Kernpyknose verbunden sind, zeigen die Feststellungen von ANDERSON
(1894) und BOZZI (1895). Die HAMPERLschen „Onkocyten" sollen das Resultat
eines Schädigungsprozesses darstellen und in der Schilddrüse wie in andern
Organen anzutreffen sein, in der Schilddrüse besonders bei alten Leuten und bei
Basedowkranken. Nach BARGMANN entsprechen sie den von ASKANAZI (1898) in

Basedowstrumen beschriebenen eosinophilen Epithelzellen, die — wie WEGELIN (1926) angibt — auch in andern Strumen vorkommen können. Nach BARG-MANNs Beobachtungen soll das Auftreten von Onkocyten (HAMPERL) in der Niere nicht nur einen Alterungsprozeß sondern „eine Zellschädigung schlechthin" darstellen.

Nach EGGERT (1938) und BARGMANN (1939) ist auch die Bedeutung der „parafollikulären Zellen" (NONIDEZ 1932) noch ungeklärt. Von den gewöhnlichen Follikelzellen unterscheiden sie sich nach NONIDEZ besonders durch ihre Größe, ihre Mitochondrien und argyrophilen Granula. Wahrscheinlich gehören

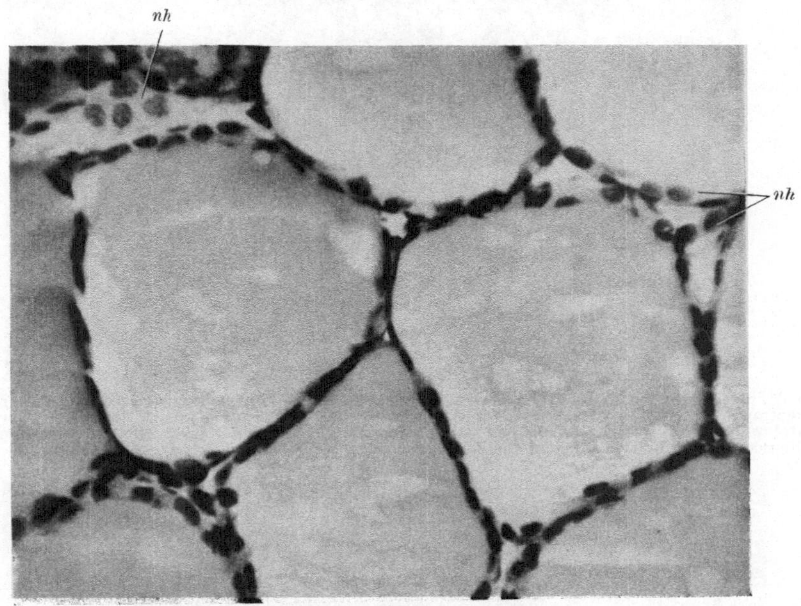

Abb. 34. Normale Ruheschilddrüse eines Kontrollkaninchens, gleichalterig mit den Versuchstieren. Große kolloidgefüllte Follikel mit kleinen, dunkelkernigen Follikelzellen. Die großen, hellkernigen Epithelzellen (*nh*) treten im Follikelverband zurück und finden sich im Interstitium. Hä.-Eos.-Präparat. Mikrophoto. Obj. D, Ok. 6.

sie in die gleiche Gruppe von Zellen, die von BABER (1876, 1881) als „parenchymatöse Zellen", von HUERTHLE (1894) als „protoplasmareiche Zellen" und weiterhin von TAKAGI (1921) beschrieben wurden, während ZECHEL (1931) sie als „interfollikuläre Zellen" bezeichnet hat. NONIDEZ fand sie besonders bei jungen Hunden, RAYMOND auch beim Kaninchen vor. TAKAGI äußert die Vermutung, daß sie vielleicht mit dem Transport von Kolloid zu tun hätten. NONIDEZ diskutiert diese Ansicht, lehnt aber eine Identität mit den Mastzellen ab. ALLARAs (1938) Meinung, die interfollikulären Zellen könnten bei gesteigerter funktioneller Tätigkeit ihr Sekret direkt an den Kreislauf abgeben, entbehrt nach BARGMANN (1939) „bindender morphologischer Grundlagen". BARGMANN meint, daß die von BENSLEY (1914) in der Schilddrüse von Didelphys virginiana beschriebenen „ovoid cells" mit den parafollikulären Zellen nicht identisch seien, da nach seinen Feststellungen eine „Abwanderung der ovoid cells aus dem Follikelverband nicht erfolgt", eine Eigenschaft, die NONIDEZ den parafollikulären Zellen zugeschrieben hat, während BABER (1876) und LUNA (1933) meinen, es könnten auch extrafollikuläre Zellen in das Follikelepithel zum Zwecke des Ersatzes

zugrunde gegangener Zellen einwandern, was nach BARGMANN „nicht wahrscheinlich ist".

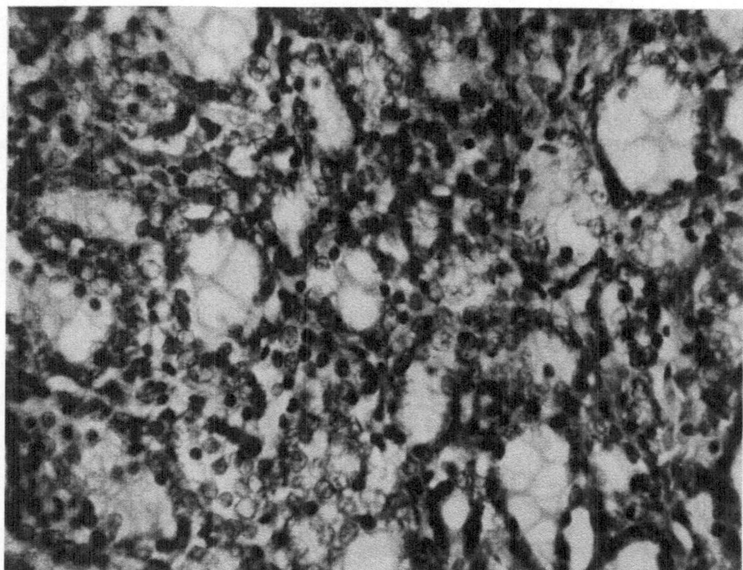

Abb. 35. Stark aktivierte Schilddrüse eines Kaninchens, das an zwei aufeinander folgenden Tagen je 125 MsE
thyreotropes Hypophysenvorderlappenhormon intraperitoneal erhielt und am 3. Tag durch Nackenschlag
getötet wurde. Man beachte neben den kleinen, dunkelkernigen Follikelzellen die Anwesenheit massenhaft
großkerniger, heller Epithelzellen in den Follikelverbänden! Häm-Eos.-Präparat. Mikrophoto. Obj. D, Ok. 6.

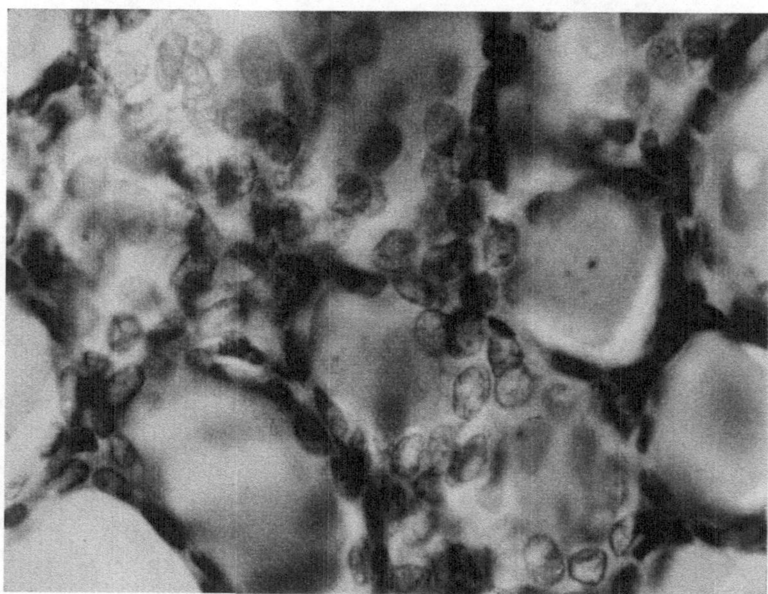

Abb. 36. Schilddrüse eines mit artfremdem Eiweiß (inaktiviertem, sterilem Schweineserum) sensibilisierten
Kaninchens. Man beachte die großen, hellkernigen Zellen im Follikelverband der dunkelkernigen, kleineren
Schilddrüsenzellen! Häm-Eos.-Präparat. Mikrophoto. Obj. $^{1}/_{12}$ Ölimmers., Ok. 6.

Wenn man eine größere Serie von Schilddrüsenpräparaten vom Menschen
und verschiedenen Tierarten unter wechselnden Versuchsbedingungen betrachtet,

so fällt zunächst auf, daß die ausgesprochene *Ruheschilddrüse* ein ziemlich gleichmäßiges Bild zeigt: große, kolloidgefüllte Follikel, an denen — je nach dem zufälligen Funktionsgrad auch der Ruheschilddrüse — ein Follikelepithel mit abgeplatteten oder mäßig kubischen Zellen hervortritt, die einen *dunklen,* meist queroval zum Follikellumen gerichteten Kern aufweisen. Die oben mehrfach erwähnten *hellkernigen,* großen Zellen sieht man ebenfalls; aber sie treten im Follikelverband ganz zurück und finden sich hauptsächlich im Interstitium (Abb. 34, *nh*).

Ganz anders wird das Bild der *aktivierten* Schilddrüse (Abb. 35). Hier sieht man, wie in den Interstitien, aber auch in großer Anzahl innerhalb der Follikelverbände nunmehr die eigenartigen, großkernigen, *hellen* Epithelzellen in Erscheinung treten, wobei irgendwelche Degenerationszeichen an den im Verband befindlichen hellen Zellen *nicht* vorhanden sind (s. auch Abb. 36). Man muß aus dieser Beobachtung unbedingt den Schluß ziehen, daß die *großen, hellkernigen Epithelzellen irgendwie mit der Schilddrüsenmehrleistung in besonderem Zusammenhang stehen.* Ich habe dabei *niemals* die Feststellung treffen können, daß diese

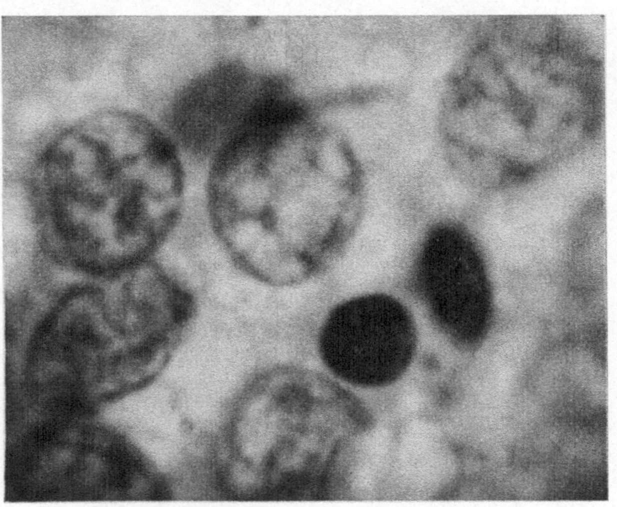

Abb. 36a. Gleiches Präparat wie das der Abb. 36. Man sieht hier bei 2000facher Vergrößerung sehr deutlich den Unterschied der großen, hellkernigen *nh*-Zellen von den kleineren, dunkelkernigen Thyreocyten.

großen, hellkernigen Zellen aus den eigentlichen dunkelkernigen Follikelwandzellen hervorgehen, wie es BARGMANN u. a. glauben. Es hat sich mir auch nicht die Spur eines histogenetischen Zusammenhanges zwischen den kolloidbereitenden Follikelzellen und den großen, hellkernigen Epithelzellen ergeben, die sich von den dunklen kleineren Thyreocyten bei 2000facher Vergrößerung in Abb. 36a deutlich unterscheiden lassen.

Vielmehr ließ sich zunächst immer wieder feststellen, daß sich die großen, *hellkernigen Zellen,* die ich als „*nh*-Zellen" bezeichnet habe — es ist ihnen unten ein besonderer Abschnitt gewidmet — in all den verschiedenartigsten Reaktionszuständen, bei denen ich Serienpräparate von Schilddrüsen untersuchen konnte, *völlig anders verhalten* wie die eigentlichen *kolloidbereitenden* Follikelzellen, die ich zum Unterschied von ihnen „*Thyreocyten"* genannt habe.

Oben wurde dargelegt, daß besonders in den Schilddrüsen von Tieren, die gleichzeitig thyreotropes Hormon + Vitamin B_1 erhalten haben, sich auffallend viel Lymphocyten nachweisen lassen, die nun nicht wie sonst lymphadenoides Gewebe sich komplexartig zusammenlagerten, sondern vielmehr diffus die hellkernigen, großen *nh*-Zellen umschwärmten und sich dabei mit einem blaßroten Protoplasmahof umgaben. In meinen Nervenpräparaten — es wurde die

BIELSCHOWSKY-Methode angewandt in der Art, wie ich es schon früher mehr-
fach geschildert habe [1] — fand sich, daß die Lymphocyten offenbar in besondere
Beziehung zu den *nh*-Zellen treten können. Dies scheint besonders dann der
Fall zu sein, wenn sich die *nh*-Zellen noch in unmittelbarer Nähe des Follikels

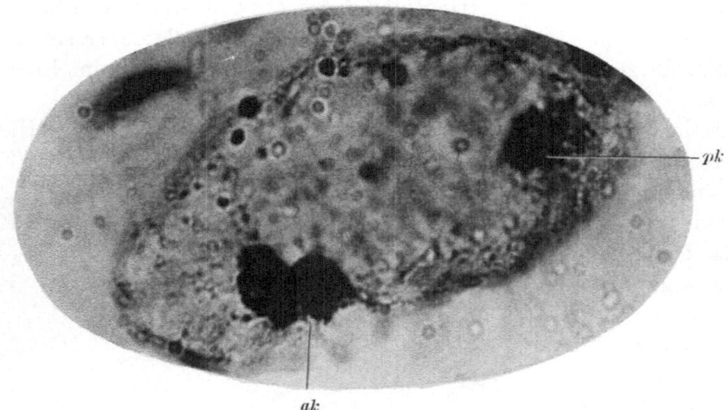

Abb. 37. Gleiche Serie wie Präparat der Abb. 38. Die degenerierenden *nh*-Zellen am Schilddrüsenhilus scheinen
zu „zerschmelzen". Man beachte die Kernpyknose und die Tendenz des unteren Kernes zur amitotischen
Teilung! *pk* Kernpyknose, *ak* in Amitose befindlicher pyknotischer Kern. BIELSCHOWSKY-Methode.
Mikrophoto. Obj. $^1/_{12}$ Ölimmers., Ok. 10.

befinden. Man sieht dann in solchen Präparaten oft je einen Lymphocyten
dicht an je einer *nh*-Zelle. In letzterer sind die im Nervenpräparat gut sichtbaren Granula dann alle in großer Dichte direkt an die dem Lymphocyten

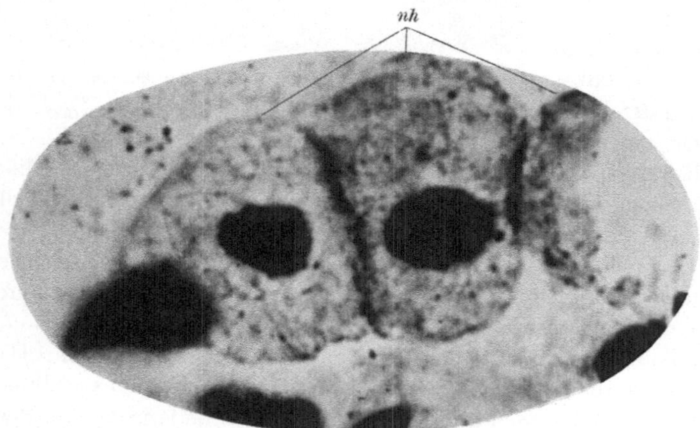

Abb. 38. Schilddrüse eines Meerscheinchens, das 20mal je 50 MsE thyreotropes Hormon + je 40 γ Vitamin B₁
intraperitoneal erhielt. Danach Tod durch Nackenschlag. In Degeneration begriffene große, helle *nh*-Zellen
am Schilddrüsenhilus. BIELSCHOWSKY-Methode. Mikrophoto. Obj. $^1/_{12}$ Ölimmers., Ok 8.

unmittelbar anliegende Plasmapartie der *nh*-Zelle gerückt, und es erweckt in der
Tat den Eindruck, als ob ein „Sekretübertritt" an den Lymphocyten erfolge,
um dann am Lymphocyten in Hä.-Eos.-Präparaten in Form des blaßroten
Plasmasaumes wieder in Erscheinung zu treten. Die *nh*-Zelle aber scheint nach
einer solchen Sekretabgabe zu degenerieren, und ich finde an diesen Zellen

---

[1] *Sunder-Plassmann:* Zuletzt in Dtsch. Z. Chir. **1939**.

manche der degenerativen Erscheinungsformen wieder, die schon oben von den sog. „Kolloidzellen“ geschildert wurden, die ich aber in Wirklichkeit *niemals* an den eigentlichen kolloidbereitenden Thyreocyten, die nach meinen Befunden mit den *nh*-Zellen histogenetisch in gar keinem Zusammenhang stehen, beobachten konnte.

Es wurde oben dargelegt, wie sich die *nh*-Zellen in den Schilddrüsen sensibilisierter Tiere verhalten, und gezeigt, daß sie dort scheinbar unter dem Einfluß eosinophiler Leukocyten ihr Sekret direkt ins Gewebe abgeben können. Auch dann schließt sich wieder bei ihnen ein Degenerationsprozeß an, der meist immer mit starker *Vergrößerung* des blassen, bläschenförmigen Kernes beginnt, um schließlich in hochgradiger Pyknose zu enden. Dabei versucht der Kern jetzt noch vielfach eine amitotische Teilung zu vollführen; dies gelingt ihm manchmal eben noch, so daß sich dann oftmals Degenerationsbilder finden, wie es das Mikrophotogramm der Abb. 37 zeigt; ähnliche Degenerationsbilder von *nh*-Zellen zeigt Abb. 38, wo die Pyknose der Kerne und die „Verflüchtigung“ des Plasmaleibes noch nicht ganz so hochgradig sind.

Da ich weiter unten zeigen werde, daß die *nh-Zellen* in einem besonderen, sehr engen funktionellen Abhängigkeitsverhältnis vom *Parasympathicus* stehen, komme ich zu der Schlußfolgerung, daß die schwersten und häufigsten Degenerationsformen an diesen hellkernigen Schilddrüsenzellen jedesmal dann sich finden, wenn neben der eigentlichen Aktivierung der Schilddrüse noch gleichzeitig ein besonderer *Reizzustand des Parasympathicus vorliegt*. Vieles weist darauf hin, daß ein Reizzustand des Parasympathicus z. B. bei gleichzeitigen Vitamin B_1-Gaben oder auch bei der Sensibilisierung eines Tieres mit artfremdem Eiweiß (tierisch oder pflanzlich) vorhanden ist: gerade dann fand ich die oben beschriebenen Bilder, die so sehr an Hamperls „Onkozyten“ erinnern. Ich nehme an, daß es sich um Folgeerscheinungen überbeanspruchter Zellaktivität handelt.

Demgegenüber habe ich an den von mir als *Thyreocyten* bezeichneten, dunkelkernigen kleinen Follikelzellen überhaupt nie derartige Erscheinungsformen beobachten können. Die Thyreocyten stellen gegenüber den *nh*-Zellen ein viel *stabileres* Zellelement dar. Ihr Aussehen verändert sich ebenfalls, aber scheinbar lediglich im Sinne einer erhöhten oder herabgesetzten Funktion bezüglich der Kolloidproduktion, wobei das Kolloid als merokrines Sekret anzusehen ist. Eine Beteiligung an der Kolloidbereitung von seiten holokriner Thyreozyten kommt nach meinen Beobachtungen nicht vor. Wenn verschiedentlich in jenem Sinne berichtet wurde, so hat man offenbar dabei die oben beschriebenen Degenerationsvorgänge an den hellkernigen, großen Epithelzellen, d. h. den *nh-Zellen*, damit verwechselt: *die nh-Zellen stellen aber einen von den kolloidproduzierenden Thyreocyten völlig verschiedenen Zellverband dar, ein kolloidresorbierendes Zellsystem, das mit dem Parasympathicus in engster funktioneller Verbindung steht (s. u.)*.

Gelegentlich kann man beobachten, daß an normalen Schilddrüsen und besonders auch an Schilddrüsenmaterial verschiedener Strumaarten das Kolloid ein unterschiedliches, färberisches Verhalten zeigt. Daran haben sich die verschiedensten Theorien geknüpft; eine Einigung bzw. allgemein gültige Auffassung ist noch nicht erreicht, weshalb ein weiteres Eingehen darauf sich vorerst erübrigen mag. Es sei lediglich bezüglich der im Kolloid sehr häufig zu beobachtenden Vakuolenbildung bemerkt, daß Okkels (1933) neuerlich die Ansicht äußerte, die kleinen Randvakuolen, die um die „hypertrophischen" (= hellen) Zellen liegen und deren Inhalt mitunter mit dem Zellplasma zusammenhängt, seien *Absorptionsvakuolen,* während die großen meist durch Schrumpfung des Kolloids entständen. Der Meinung OKKELs vermag ich mich zum Teil anzuschließen, nur mit dem wesentlichen Unterschied, daß ich in den „hellen, hypertrophischen" Zellen keine kolloidproduzierenden Follikelzellen erblicke, die ihre „Polarität umgekehrt haben" (FERGUSON 1911, BENSLEY 1916), vielmehr das oben bereits genannte, *histogenetisch völlig von den eigentlichen kolloidproduzierenden Thyreocyten verschiedenartige, kolloidresorbierende Zellsystem!*

III. Die Durchblutungsregulation der Schilddrüse.

Die Schilddrüse gehört zu den am meisten durchbluteten Organen des Organismus. Ihr Parenchym ist außerordentlich reich an Capillaren sowie an Lymphgefäßen. Ein eindrucksvolles Bild von der capillären Hyperämie gewährt das Mikrophotogramm der Abb. 39. Man sieht darin, wie die einzelnen Follikel von einem reichhaltigen Netz teils mäßig erweiterter Blutcapillaren umsponnen werden, die alle prall mit roten Blutkörperchen gefüllt sind. Aber auch das in der Abbildung von oben kommende größere Gefäß ist prall mit roten Blutkörperchen gefüllt.

Außer dem perifollikulären Capillarnetz ist mir in BIELSCHOWSKY-Präparaten aufgefallen, daß auch an verschiedenen Stellen des Kapselgebietes sich regelrechte *Konvolute von Capillaren* vorfinden, die besonders schön ausgeprägt an der Meerschweinchenschilddrüse zu sehen sind. Ich fand in ihrer *unmittelbaren* Umgebung ausgedehnte *Nervenapparate,* worauf unten im Abschnitt über „Nervensystem und Schilddrüse" noch besonders zurückzukommen ist.

Im Inneren der menschlichen Schilddrüse sollen nach ALLARA selten interarterielle Anastomosen vorkommen. Dagegen finden sich nach WEGELIN Anastomosen an den Gefäßen, die auf der Schilddrüse und in den peripheren Teilen des Parenchyms verlaufen.

Wie KUX (1935), PETERSEN (1935) und vor ihnen HORNE (1892), M. B. SCHMIDT (1894), ferner PH. STÖHR (1910), ISENSCHMID (1910) und SANDERSON-DAMBERG (1911) mitteilen, kommen an den kleinen Schilddrüsenarterien eigenartige „Zellpolster" vor. Es handelt sich hierbei um Zellen, die zwischen Elastica interna und Endothellamelle sich befinden und an mehr oder weniger umschriebener Stelle das Gefäßlumen einengen können. KUX zeigt an Wachsmodellen, die er von Schilddrüsenarterien der Katze angefertigt hat, daß die Intimazellpolster in Wirklichkeit vorspringende Leisten bilden. Die Zellpolster werden von einem Teil der Autoren der Media und Intima zugeschrieben, ein anderer Teil schreibt allerdings ihre Entstehung nur der Intima zu. Die eigentliche Bedeutung dieser „Arterienknospen" ist noch keineswegs geklärt; sie kommen schon beim Neugeborenen vor und sind nach WEGELIN normale Bestandteile der Schilddrüsengefäße. Man hält sie teilweise für einen mehr physikalischen Mechanismus im Dienste der Durchblutungsregelung, andererseits wird auch den Polsterzellen eine eventuelle inkretorische Fähigkeit zugeschrieben. Außer den schon genannten Anastomosen zwischen den Schilddrüsenarterien sollen beim Hund nach MODELL (1933) auch arterio-venöse Anastomosen vorhanden sein. Der Übergang von muskelzellhaltigen Gefäßen in Capillaren scheint stellenweise ziemlich plötzlich vor sich zu gehen. Vielleicht kann man im Mikrophotogramm der Abb. 39 noch erkennen, daß das Capillarsystem der Follikel aus einem durch zahlreiche Anastomosen verbundenen, capillären Netzwerk besteht, wie es schon von MAJOR (1909) und WILSON (1927) geschildert ist. Merkwürdigerweise gehen die Capillaren vielfach und, fast scheint es, in der Regel in plötzlich erweiterte muskelfreie Gefäße über; ob es sich dabei um venöse Sinus oder um eine lokale, durch irgendwelche mechanische Momente bedingte Erweiterung der Venenwand

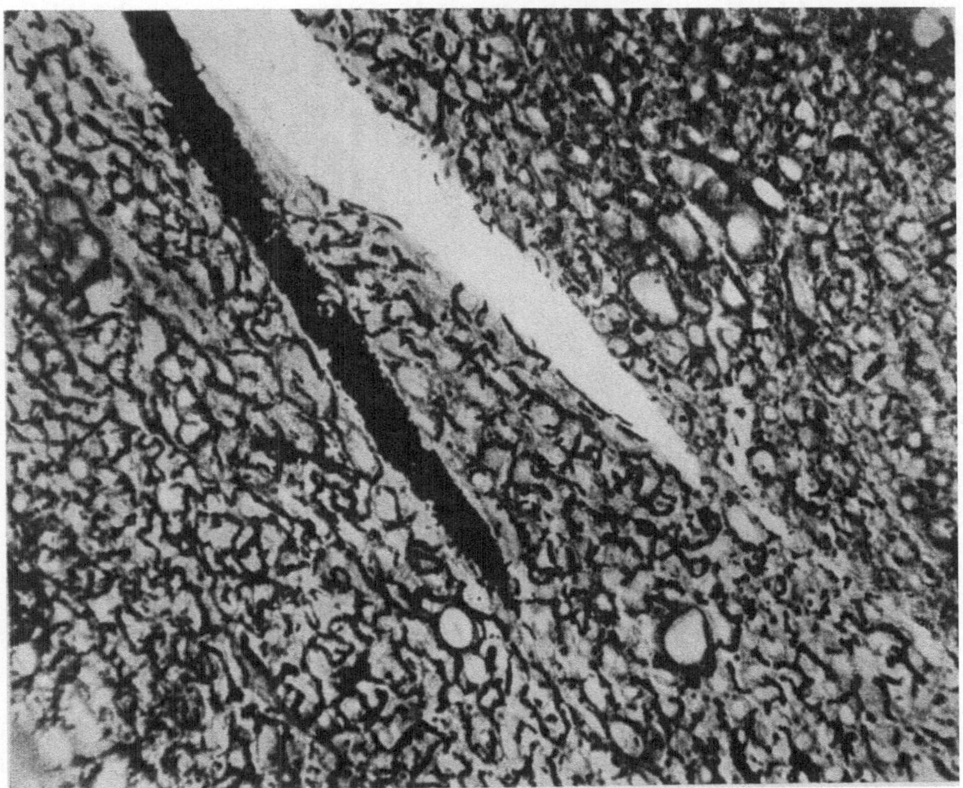

Abb. 39. Schilddrüse eines Kaninchens, das an zwei aufeinanderfolgenden Tagen je 600 MsE thyreotropes Hormon intraperitoneal erhielt und am dritten Tag durch Nackenschlag getötet wurde. Man beachte die enorme capilläre Hyperämie! Mikrophoto. Übersicht.

handelt, bleibt dahingestellt; die Regelmäßigkeit der Befunde läßt an venöse Sinus denken. Außerdem findet sich in der Nähe der Gefäße auch ein ziemlich reich entwickeltes Lymphcapillarsystem, das nach den Beobachtungen von FLORENTIN (1926), RAMSAY (1928) und BARGMANN (1939) besonders ausgeprägt bei der Katze vorhanden sein soll. Nach ALLARA kann das Kaliber der perifollikulären Blutcapillaren erheblich schwanken; er macht die etwas verwunderlich erscheinende Feststellung, daß in *Greisen*schilddrüsen und in „hyperaktiven" Drüsen stark erweiterte Capillaren vorkommen. HARTROCH (1932) teilt mit, daß er bei Lebendbeobachtungen im Fluorescenzlicht an der ruhenden Schilddrüse ein gröberes, bei der Kolloidverdünnung dagegen ein zartes Capillarsystem festgestellt hat. Solches läßt sich nach BARGMANN nicht ohne weiteres mit der Behauptung von ARON (1930) in Einklang bringen, daß bei aktivierten Drüsen eine intensivere Durchblutung stattfindet. Man vergleiche hierzu nochmals das letzte Mikrophotogramm in Abb. 39; es kommt eben sehr darauf an, welche *Stadien* einer aktivierten Drüse untersucht werden: die Aktivierung beginnt zunächst nach meinen Beobachtungen mit einer profusen Hyperämie, während später eine *Epithelproliferation* bei weniger ausgeprägter Hyperämie vorherrscht.

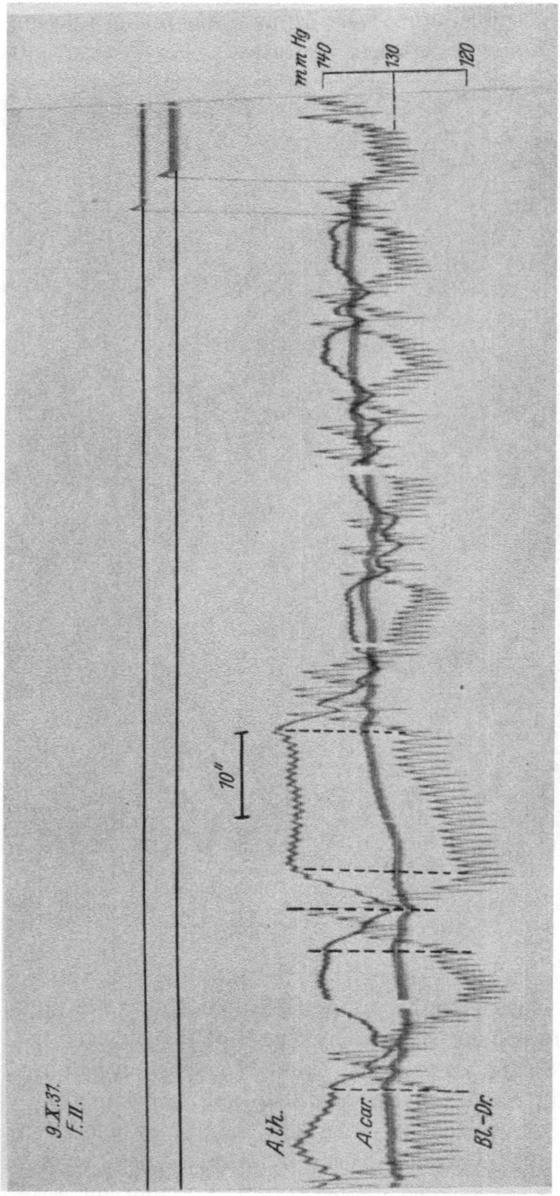

Einen außerordentlich bedeutungsvollen Einblick in den Schilddrüsendurchblutungsmechanismus gewähren uns nun die Untersuchungsergebnisse von H. REIN, K. LIEBERMEISTER und D. SCHNEIDER (1932). REIN hatte bei seinen Untersuchungen über die Physiologie der Skeletmuskeldurchblutung mehrfach die Beobachtung gemacht, daß mit Beginn einer stärkeren Muskelarbeit oder am „frierenden“, d. h. aktiv wärmeregulierenden Tier die Schilddrüsendurchblutung gegenüber der Norm sich bisweilen veränderte. Man vermutete deswegen hierin einen Ausdruck für die Beteiligung der Schilddrüse an der Wärmeregulation. REIN hatte inzwischen festgestellt, daß die Kreislaufveränderungen beim „Frieren“ und bei der Muskelarbeit

Abb. 40. Versuch am Hund von 17 kg in Pernoctonnarkose (s. Text). Die Kurven bedeuten von oben nach unten: Durchblutung der rechten A. thyreoidea, Durchblutung der A. carot. com. dextra (dicke Kurve), arterieller Blutdruck in der A. femoralis (unterste Kurve). Man beachte den genau inversen Verlauf von Blutdruck und Schilddrüsendurchblutung! Es handelt sich um Schwankungen, die spontan ohne jeden Eingriff ablaufen. (Nach H. REIN, K. LIEBERMEISTER und D. SCHNEIDER.)

weitgehend übereinstimmen, so daß nach seiner Ansicht die Gefäßreaktionen an der Schilddrüse bei Muskelarbeit die gleichen Ursachen und Wirkungen haben könnten wie bei der Wärmeregulation. Die daraufhin durchgeführten Versuche brachten aber kein eindeutiges Ergebnis. Sie ergaben am frierenden bzw. arbeitenden Tier bald vermehrte, bald kaum veränderte Schilddrüsendurchblutung, ja ab und zu resultierte sogar eine „auffallend stoßartige Drosselung des thyreoidalen Blutstromes". Die bei diesen Untersuchungen gemachten Beobachtungen führten — ungeachtet des erhofften, zunächst jedoch nicht gefundenen Ergebnisses — schließlich zu der Feststellung, daß enge Beziehungen zwischen Schilddrüsendurchblutung und allgemeinem Blutdruck bestehen. Jenen bedeutsamen Mechanismus veranschaulicht sehr eindrucksvoll eine Normalkurve (Abb. 40), bei der die Schwankungen des Blutdrucks und der Schilddrüsendurchblutung gleichzeitig registriert sind, die

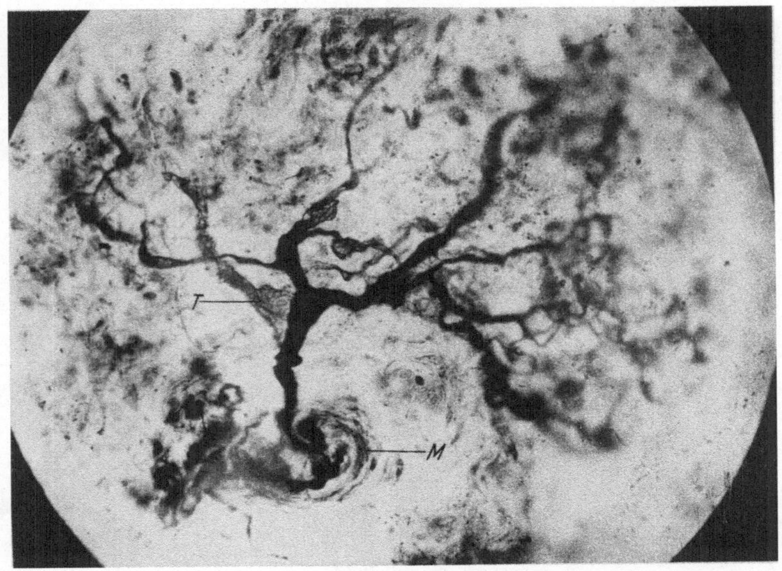

Abb. 41. Neuro-vegetatives Receptorenfeld im Sinus caroticus des Menschen. *M* Markmantel des mächtigen Achsenzylinders. *T* rezeptives Terminalreticulum. BIELSCHOWSKY-Methode. Mikrophoto. Vergr. 300. (Nach P. SUNDER-PLASSMANN 1933.)

spontan und ohne jeden Eingriff ablaufen. Die Untersuchungen wurden an Hunden durchgeführt in Pernoktonnarkose, ein nach H. REINS zahlreichen Tierversuchen als ideal hierbei zu beurteilendes Betäubungsmittel, wobei ein Einfluß auf Kreislauf und Reflexe nicht nachweislich vorhanden ist. Der Blutdruck wurde mit FRANCKschem Membranmanometer aus der A. femoralis oder brachialis mit TRENDELENBURGs Gegenstromapparatur aufgezeichnet. Die Durchblutungsmessung der Carotis und Schilddrüsengefäße erfolgte ohne deren Eröffnung mit der REINschen *Thermostromuhr*. Elektrische Nervenreizungen wurden mit Sinusströmen aus einem Schwingungskreis vorgenommen, und zwar da es sich um vegetative Nerven handelt, mit Frequenzen von 30—40 Hz. Man sieht im Kurvenbild der Abb. 40, daß die Carotidendurchblutung oberhalb des Thyreoideabganges ziemlich gleichmäßig verläuft. Im Gegensatz dazu zeigt die Schilddrüsendurchblutung (oberste Kurve) ein ständig wechselndes Aussehen. Man erkennt ohne weiteres, daß die Schilddrüsendurchblutungskurve genau einen „inversen Verlauf" zur Blutdruckkurve (Bl.Dr.) zeigt. Im weiteren Verfolg ihrer Untersuchungen stellten REIN, LIEBERMEISTER und D. SCHNEIDER dann vor allen Dingen fest, daß ein enger funktioneller Zusammenhang zwischen dem nervösen Receptorenfeldsystem (SUNDER-PLASSMANN 1930, 1933) des

Sinus caroticus und der Schilddrüse besteht. Die genannten Autoren fanden, daß vom Carotissinus auf nervösem Wege eine dauernde Herabsetzung des Vasomotorentonus der Schilddrüsengefäße ausgeht. Durchschneidung des Sinusnerven (H. E. Hering) führt auch ohne wesentliche Änderungen des Blutdruckes zu einer Durchblutungsabnahme der Schilddrüse. Jede stoßartige Druckerhöhung

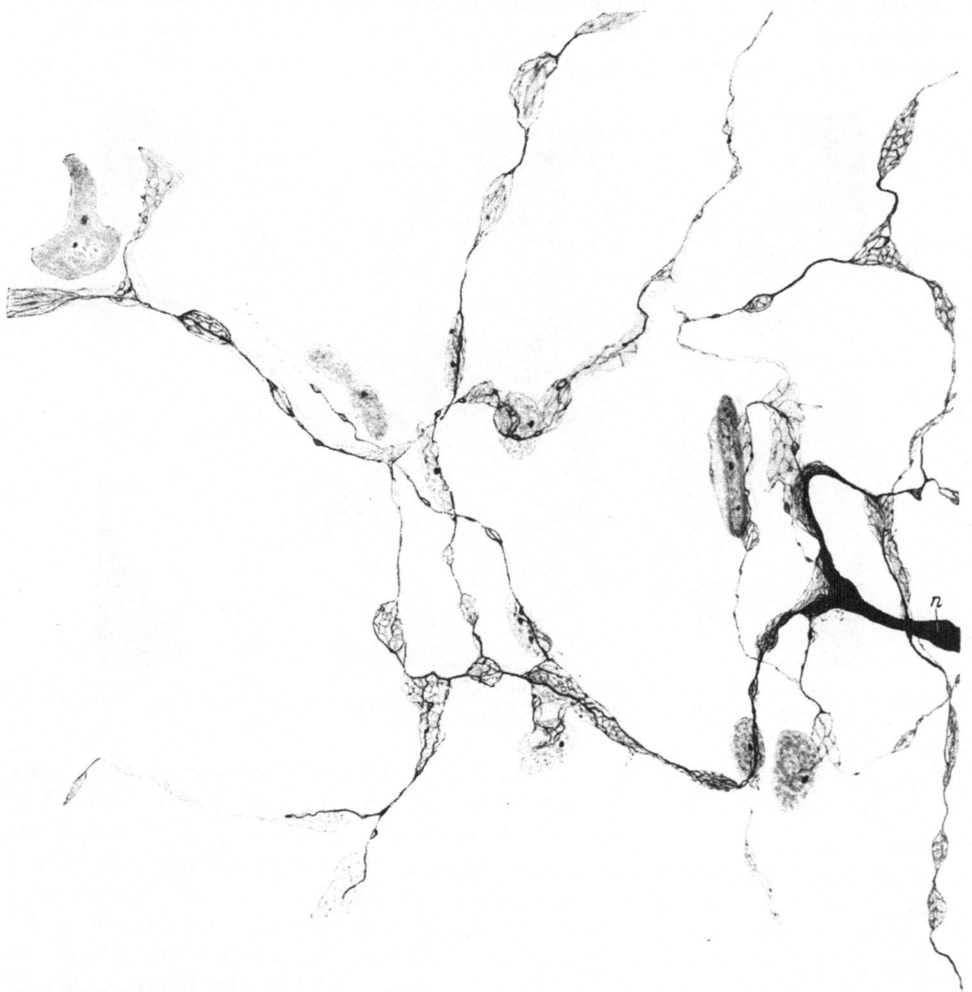

Abb. 42 Aufzweigungsform eines einzelnen Astes (*n*) der mächtigen Receptorenfelder des Sinus caroticus (vom Menschen) zum nervösen Terminalreticulum. Bielschowsky-Gros-Methode. Vergr. 1700. (Nach P. Sunder-Plassmann 1939.)

im Sinus caroticus zieht eine beträchtliche Vasodilatation der Schilddrüse nach sich. Die gleiche Wirkung läßt sich durch eine elektrische Reizung des Sinusnerven erzielen. Dabei kann in der Schilddrüse eine Durchblutungsgröße eintreten, welche der Ruhedurchblutung der *gesamten* A. carotis communis entspricht. Während der Reizung beobachteten die Autoren Vasokonstriktion im übrigen Aufspaltungsgebiet der A. carotis communis, also einen Antagonismus zwischen Kopf- und Schilddrüsengefäßen. Sie stellten ferner an Durchschneidungsversuchen fest, daß scheinbar die wichtigsten vasokonstriktorischen Fasern der

Schilddrüsengefäße über den Halssympathicus verlaufen, wobei der Grenzstrang jedesmal zu beiderseitigen Drüsen Fasern abgibt; es überwiegt aber die Wirkung auf die gleichseitige Drüse. Schließlich stellten REIN, LIEBERMEISTER und D. SCHNEIDER noch fest, daß die reflektorische Wirkung vom Sinusnerven aus über Medulla oblongata und Halssympathicus zu den Schilddrüsen verläuft; außerdem aber besteht nach ihrer Meinung zwischen Carotissinus und Schilddrüse noch eine einseitige *direkte* nervöse Verbindung, die nicht über den

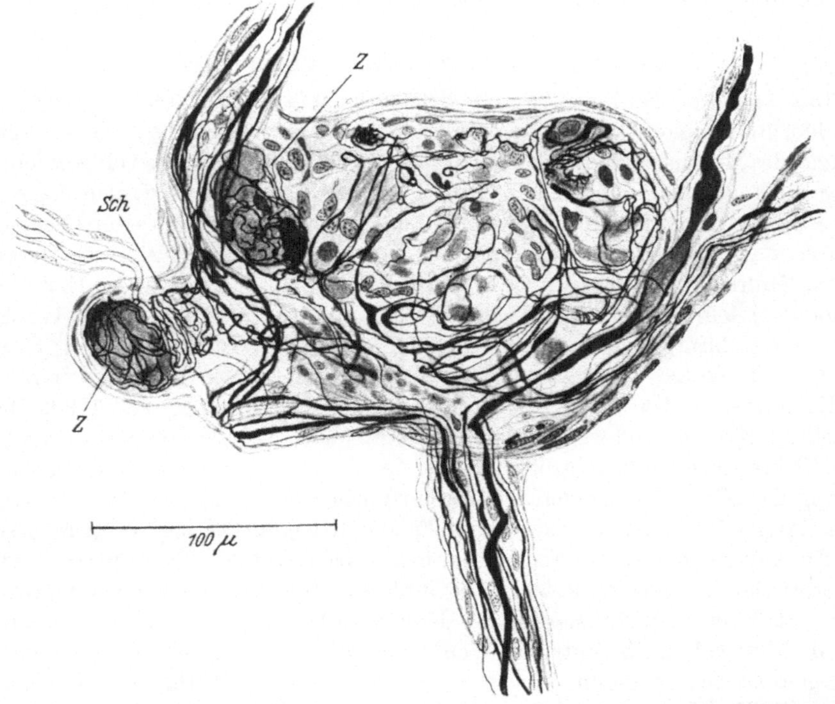

Abb. 43. Sinus caroticus des Menschen. ,,Mächtiger Sinusneuroceptor". *Sch* neurofibrilläres Schlingenterritorium. *Z* große, nervöse Zellen. (Nach P. SUNDER-PLASSMANN 1933.)

Halssympathicus führt und *sehr viel wirksamer ist* als die erstgenannte, über das medulläre Zentrum führende.

Aus den obigen sehr bemerkenswerten Untersuchungen geht hervor, daß die Schilddrüsendurchblutung weitgehend durch die Neuroreceptoren des Sinus caroticus gesteuert wird. Von den Sinusreflexen war ja durch H. E. HERINGs und C. HEYMANs grundlegende Beobachtungen schon bekannt, daß sie einen tonisierenden, dauernden Einfluß auf den allgemeinen Blutdruck, den Herzschlag und die Hirndurchblutung haben, Ergebnisse, die D. SCHNEIDER (1938) in neuerlichen Untersuchungen verdienstvollerweise weiter ausgearbeitet hat. Es ergibt sich somit zusammen mit den oben erwähnten Ergebnissen des REINschen Instituts eine ganz außergewöhnliche funktionelle Leistung des Carotissinusnerven. Dies konnte man schon aus den ungewöhnlich differenzierten und mit einer erstaunlichen Nervenmasse aufgebauten spezifischen Endapparaten des Sinus caroticus schließen. Nachdem DE CASTRO als erster über sensible Endorgane des Bulbus caroticus berichtet hat, konnte ich erstmalig das nervöse

Terminalreticulum — das ich damals noch (1929) als „terminales Netzwerk"
bezeichnete — und dessen allmählichen Übergang in die Gefäßwandzellen an
den von mir mit „*Receptorenfeldern*" bezeichneten Endorganen beobachten und
die Befunde DE CASTROs durch Auffindung weiterer Receptorentypen ergänzen,
von denen ich in Abb. 41, 42, 43 einige Beispiele zeige, auf die ich später noch
bei Schilderung besonderer Veränderungen zurückgreifen muß. STÖHR jr. hat
inzwischen (1935) meine Beobachtungen vollauf bestätigt und das nervöse
Terminalreticulum im Sinus caroticus prachtvoll zur Darstellung gebracht.

IV. Nervensystem und Schilddrüse.

Das *klinische* Bild der engen Beziehungen zwischen Nervensystem und
Schilddrüsentätigkeit und seine schweren Störungen bei den Krankheitserschei-
nungen des Morbus Basedow hat F. SAUERBRUCH (1931) eindrucksvoll gezeichnet.
Aber auch von pathologisch-anatomischer sowie interner und neurologischer
Seite wird verschiedentlich auf solche Zusammenhänge hingewiesen (ASCHOFF,
WEGELIN, PIERRE MARIE, CHARCOT, BUSLAM, OPPENHEIM, CASSIRER, FRIEDE-
MANN, MOHR, KOHNSTAMM, CHVOSTEK, KRAUS, G. v. BERGMANN, EPPINGER,
MORAWITZ, SCHITTENHELM und EISLER, OSWALD, MICHAUD, WILSON, H. GEYER),
ferner noch chirurgischerseits VON MIKULICZ, CRILE, WINTERNITZ, LIEK, CLAIR-
MONT, v. HABERER, BRÄUCKER, BREITNER, RAHM, REINHARD, PAYR u. a.

Experimentell ist von CYON (1898), KRAUS und FRIEDENTHAL (1908) festgestellt, daß durch Jodothyrin die Empfindlichkeit des Nervus depressor gegenüber elektrischen Reizen größer wurde. Andere beobachteten diese Sensibilisierung des Nervus depressor auch, wenn vorher beim Tier die Nervi laryngici
craniales gereizt wurden (ASHER und FLACK 1910, ASHER und v. ROTH 1912).
Die Autoren nehmen daher an, daß der Schilddrüse auf dem Wege dieser Nerven
sekretorische Impulse zufließen. Die interessanten Untersuchungen OSWALDs
zeigen, daß eine Sensibilisierung des Nervus splanchnicus nach Verabreichung
von Jodthyreoglobulin eintritt. Weil jenen Untersuchungsergebnissen andere
entgegenzustehen scheinen, so von SCHARPEY-SCHÄFER (1916), FELDBERG und
SCHILF (1927), KRAYER und SATO (1928), kommt EITEL (1934) zu dem Schluß,
daß alle Beweise für die Beziehungen „Schilddrüse — Nervensystem" als nicht
stichhaltig abzulehnen sind, soweit sie sich auf die angeführten, akuten Reiz-
versuche stützen.

ENDERLEN und BOHNENKAMP (1927) stellten Fütterungsversuche mit hohen
Dosen von Schilddrüsensubstanz bei „herzentnervten" Hunden an. Die Füt-
terungen wurden mehrere Wochen durchgeführt und ergaben, daß bei den „ent-
nervten" Hunden keine Schädigungen auftraten, während die Kontrolltiere mit
intaktem Herz-Nervenapparat nicht nur schwere Schädigungen der Herztätigkeit
und rapiden Gewichtsverlust aufwiesen, sondern sogar zugrunde gingen. Während EITEL den bemerkenswerten Untersuchungsergebnissen von ENDERLEN und
BOHNENKAMP gegenüber feststellt, daß sich hieraus ohne Zweifel Beziehungen
zwischen Thyreoideainkret und dem Nervensystem ableiten lassen, bemerkt er
nach Anführung weiterer pharmakologischer Untersuchungen — bezüglich der
Erregbarkeitssteigerung durch Thyreoideastoffe gegenüber Adrenalin, Pilokarpin,
Morphin, Histamin usw. —, die von KRAUS und FRIEDENTHAL, ASHER und
FLACK, OSWALD, SANTESSON, KRAYER und SATO, LIEB und HEYMANN, BURGET
und CRISLER, ABDERHALDEN und GELLHORN u. a. durchgeführt wurden, daß

unter keiner der angeführten Versuchsbedingungen es gelungen sei, irgendeinen Weg zu finden, auf dem eine fruchtbare, experimentelle Weiterarbeit zur Klärung der Wechselbeziehungen zwischen Schilddrüse und Nervensystem möglich erscheine. Dagegen folgert EITEL aus den Ergebnissen von ASHER und PFLÜGER (1928) sowie ASHER und WÄCHTER (1928), daß „zweifellos sichere Anhaltspunkte für die nervöse Regulation der Schilddrüsentätigkeit gegeben sind".

ASHER und PFLÜGER sowie ASHER und WÄCHTER gehen von der klinischen Beobachtung aus, daß bei Basedowkranken oft eine Polyurie besteht, während bei Kranken mit herabgesetzter Schilddrüsenfunktion die Wasserausscheidung vielfach verlangsamt ist. Aus diesen und ähnlichen Befunden ergab sich eine fördernde Wirkung von Schilddrüsenstoffen auf die Gewebspermeabilität. Die letztgenannten Autoren exstirpierten beide Ganglia cerv. cranialia sympathica und beobachteten an ihren Tieren die Resorptionsdauer eines experimentell gesetzten Ödems sowie die Wirkung des Diuretikums Euphyllin. Es ergab sich, daß bei den neurotomierten Tieren das Ödem langsamer resorbiert wurde und die Tiere trotz des Diuretikums keine entsprechenden Mengen Urin ließen. Schließlich fand REINHARD (1923), daß bei chronischer elektrischer Reizung des Halssympathicus eine Vergrößerung der Schilddrüse an der gereizten Seite auftrat, während sich nach Sympathektomie eine deutliche Verkleinerung der Thyreoidea ergab. EITEL kommt auf Grund seiner Versuche mit thyreotropem Hormon nach Exstirpation des Halssympathicus, an Schilddrüsengewebe in vitro und Transplantaten zu dem Schluß: „. . . es ist daraus abzuleiten und auch für die Ätiologie des Morbus Basedow zu folgern, daß der Impuls für die krankhafte Steigerung der Schilddrüsentätigkeit vom Nervensystem weitgehend unabhängig ist".

Wenngleich somit bis in die letzte Zeit noch ein wesentlicher Einfluß des Nervensystems auf die Schilddrüsentätigkeit und ihre Störungen abgelehnt ist, so sprach doch klinisch schon immer sehr vieles dafür, daß tatsächlich sehr *enge Beziehungen zwischen vegetativem Nervensystem und Schilddrüsenleistung bestehen müssen.* Daß sich aber auch morphologisch und experimentell entsprechende *Beweise* für diese letztere Ansicht erbringen lassen, glaube ich in einer ganzen Reihe diesbezüglicher Untersuchungen der letzten Jahre gezeigt zu haben.

Was zunächst die Morphologie der Schilddrüseninnervierung betrifft, so finden sich darüber in dem soeben erschienenen Handbuch für mikroskopische Anatomie des Menschen (1939) einige Zeilen mehr als eine ganze Seite Text (!) und *überhaupt keine Abbildung.* Das hat seinen Grund gewiß nicht etwa in einem mangelnden diesbezüglichen Interesse. Im Gegenteil beginnt das Studium der überaus feinen und innnigen Beziehungen der Organe und Organsysteme zum Nervensystem und besonders zu dessen vegetativen Kerngruppen, fast täglich mehr und mehr an allgemeinem Interesse zu gewinnen. G. v. BERGMANNs „Funktionelle Pathologie" (1938) hat allgemeinärztliche und besonders auch auf chirurgischer Seite eingehende Beachtung gefunden.

Es kommt darauf an, in ruhiger Einzelarbeit mehr und mehr konkrete Unterlagen zu gewinnen. Die Auffindung des ungeahnt reichhaltigen und in der Tat ungeheuer fein gebauten *peripheren, vegetativen Neurosyncytiums* der verschiedenen Organe in den letzten Jahren (STÖHR jr., BOEKE, REISER, SUNDER-PLASSMANN, SETO, HAYASI, YOSHITOSHI, FUKUJAMA, STEFANELLI, ROSSI,

OTTAVIANI, BEAUFAYS, DAUBENSPECK, JOHN, HARTING, RIEDER) hat eine
Weiterarbeit freilich keineswegs überflüssig gemacht. Wie man diese feinsten
terminalen Neuroreticula nun schließlich nennt, bleibt letzten Endes Ansichts-
sache. Ich selber folge darin STÖHR jr., nachdem ich mich bei mehrfachem Aufenthalt in BOEKES (Utrecht) und STÖHRs (Bonn) Laboratorium beim Betrachten
sehr vieler Präparate und Demonstration meiner eigenen davon überzeugt habe,
daß es sich in unseren Präparaten um identische, sehr feine Strukturen des
peripheren vegetativen Nervensystems handelt.

Wenn man noch vor 10 Jahren bei Katzen beidseitig den sympathischen
Grenzstrang herausschnitt und feststellte, daß die Tiere im Laboratorium auch
so am Leben blieben, so hieß es leicht: ,,Es geht auch ohne den Sympathicus,
er kann so wichtig nicht sein!" — Freilich geht es auch ,,ohne ihn" — aber unter
welchen Bedingungen ? Heute wissen wir mit Sicherheit, daß es nur deswegen
leidlich unter Laboratoriumsbedingungen beim Versuchstier ,,ohne beide Grenzstränge geht", weil in den peripheren Organen noch ein *ganz besonders aufgebautes,
kompliziertes System vegetativ-nervöser Substanz von solcher Fülle liegt,* daß es
der nervösen Masse beider Grenzstränge wohl kaum nachsteht, in seinem Aufbau
aber noch mindestens ebenso vielgestaltet konstruiert erscheint wie diese selbst,
und daß *eine Degeneration keineswegs dort immer vorhanden war,* wo sie immer
wieder ohne weiteres angenommen wurde.

Der komplizierte Aufbau des mächtigen, peripheren, vegetativen Neurosyncytiums, zu dessen wesentlichem Bestandteil der nervöse *Präterminalplexus*
(SUNDER-PLASSMANN) — der BOEKES ,,sympathischem Grundplexus" und
REISERs ,,präterminalem Netzwerk" entspricht — mit seinem besonders ange-
ordneten Plasmodium SCHWANNscher Kerne und interstitiellen Zellen CAJALs,
sowie das sich von diesem ableitende nervöse *Terminalreticulum* (STÖHR jr.)
mit seinen engen Beziehungen zum Plasma der Einzelzellen der jeweiligen Erfolgs-
organe gehören, weist darauf hin, daß *diesem System zusammen mit dem hormonalen und humoralen wesentliche Aufgaben im biologischen Geschehen des Organismus zufallen.*

Die größte Schwierigkeit bei den neuro-histologischen Untersuchungen liegt
zweifellos in der völligen Beherrschung und jeweils einwandfreien Durchführung
der unbedingt *notwendigen, darstellenden Technik,* wie auch STÖHR jr. wiederholt
betont hat. Versagt die Untersuchungstechnik oder ist sie im jeweiligen Fall
nur mangelhaft durchgeführt, so ist von vornherein einem weiteren Aufbau die
tragfähige Basis entzogen und jede Diskussion erübrigt sich. Eine größere Erfahrung in der Beurteilung der gewonnenen Präparate erleichtert dabei wesentlich die Auswertung, weshalb ein guter Lehrer in den ersten Jahren neurohistologischen Arbeitens eigentlich unentbehrlich ist; ich selber erinnere mich
stets dankbar manch wertvollen Hinweises von STÖHR jr. vor dem Mikroskop,
wie ich ebenso auch BOEKES freundlicher Demonstrationen in seinem Laboratorium v. Embryol. en Histol. in Utrecht gern gedenke, wo ich längere Zeit bei
wiederholtem Aufenthalt weilen konnte. — Feinste Einzelheiten in der Struktur
der vegetativ-nervösen Substanz zur Darstellung zu bringen, ist — solange wir
gezwungen sind, am fixierten Objekt zu arbeiten — in erster Linie mit vollkommen beherrschter Silberimprägnationsmethodik nach BIELSCHOWSKY möglich. Letztere übertrifft auch das CAJALsche Imprägnationsverfahren, das ich
vor 10 Jahren noch selber anwandte, nicht unerheblich, mit dem zwar heute

noch die meisten spanischen und auch einige amerikanische Autoren arbeiten. Das BIELSCHOWSKY-Verfahren habe ich teils — um Serienschnitte zu erhalten — nach BOEKEs Modifikation zur Anwendung gebracht, teils und hauptsächlich an der Schilddrüse, in der GROSSchen Modifizierung, wie ich es zuletzt in Dtsch. Z. Chir. 252, 2 (1939) beschrieben habe.

Was nun den nervösen Feinbau der Schilddrüse betrifft, so geht zunächst aus den makroskopischen Präparationen von BRÄUCKER (1922) und RIEGELE (1926) hervor, daß die Schilddrüse vornehmlich ihre Nerven von Vagus und Sympathicus erhält. Der sympathische Grenzstrang sendet eine große Anzahl feinster Ästchen aus *allen drei Halsganglien* zur Drüse. Aber eine nicht minder große Anzahl von *Vagusfasern* gelangen in den Bahnen der Nervi laryngici und des Nervus recurrens beiderseits in die Schilddrüse. Es stammen ferner noch Fasern für die Schilddrüse vom Plexus caroticus, den Rami cardiaci und dem Nervus glossopharyngicus. Nach BRÄUCKER zweigen ferner feine Äste der zahlreichen Schilddrüsennerven von der Ansa hypoglossi ab, die er aber nicht für Hypoglossus-, sondern für Vagus- und Sympathicusfasern hält. Wenngleich nach STÖHR jr. allerdings von BRÄUCKER für diese Ansicht kein Beweis erbracht wird, so kann ich auf Grund meiner Untersuchungen der Ansicht BRÄUCKERs insofern beipflichten, als nach meinen neuro-histologischen Befunden wohl ausnahmslos in *allen* zur Schilddrüse ziehenden stärkeren wie feinen Nervenästchen sich massenhaft *vegetative Neuroelemente* vorzufinden scheinen.

Die Angaben früherer Arbeiten über die feinere Innervation der Schilddrüse sprechen fast ausnahmslos entweder von sog. „freien Endigungen" oder von meist „knopfförmigen Endapparaten" an den Schilddrüsenzellen, eine Auffassung, die den mit moderner Technik zu erzielenden Ergebnissen heute nicht mehr entspricht, da sie als Ergebnis der unvollkommenen und veralteten GOLGI-Methode zu bewerten ist. Solche Angaben stammen von KÖLLIKER (1854), PERMESCHKO (1867), POINCARÉ (1875), ZEISS (1877), CRISAFULLI (1892), ANDERSON (1892), SACERDOTTI (1893), BERKLEY (1894), TRAUTMANN (1895), JAQUES (1897), VERSON (1907), RHINHART (1912), wobei ein Teil der genannten Autoren der Schilddrüse überhaupt nur „Gefäßnerven" zuschreibt. Ähnlicher Ansicht ist NONIDEZ (1931, 1935), der mit CAJALs Methode arbeitet und nach STÖHR (1937) damit „unvollständige Imprägnierung von Gefäßnerven" erzielt hat. Von „kolbenförmigen Endapparaten" im intervesikulären Bindegewebe der Schilddrüse berichtet POPOW (1927); STÖHR jr. (1928) bemerkt dazu: „Über angeblich kolbenförmige Endapparate der Schilddrüse bringt POPOW einiges Unsichere." Weder von NONIDEZ, ROSSI und LANTI (1935) noch von mir konnte eine Bestätigung der POPOWschen Befunde gegeben werden.

Die vor einigen Jahren (1935) erschienene Arbeit über Schilddrüseninnervierung von ROSSI und LANTI ist dahingehend zu beurteilen, daß zwar die Verzweigungsformen der Nervenstämme richtig dargestellt sind, aber infolge Anwendung der heute unbedingt als *veraltet hinzustellenden* GOLGI-*Methode* wurde weder die Reichhaltigkeit noch die eigentliche nervöse Endausbreitung erfaßt. Die von den Autoren in Analogie zu früheren Arbeiten festgestellten „knopfförmigen Endigungen" sind vielfach methodisch bedingte Artefakte und können zum *mindesten* nicht als erschöpfend in der Erfassung der Endausbreitung und der engen plasmatischen Verbindung der nervösen Substanz mit den Schilddrüsenzellen angesehen werden.

Mit moderner Methodik läßt sich heute zeigen, daß einerseits „Gefäßnerven“ und Drüsennerven unmöglich voneinander zu trennen sind; sie bilden vielmehr in synzytialem Zusammenhang mit den Parenchymnerven ein untrennbares Ganzes. Und andererseits läßt die Darstellung des *nervösen Terminalreticulums* an den einzelnen Schilddrüsenzellen und des *neuro-vegetativen Präterminalplexus* mit seinen massenhaften SCHWANNschen Kernen erst klar erkennen, wie ungeahnt weitgehend und geradezu „ungeheuer“ fein und innig die Verbindungen

Abb. 44. Nervenplexus einer kleinen Arterie innerhalb der Schilddrüse. Man beachte den kontinuierlichen Zusammenhang der feinsten Neurofibrillen mit einem um Drüsenzellen befindlichen nervösen Terminalreticulum. Vergr. 1000. BIELSCHOWSKY-GROS-Methode. (Nach P. SUNDER-PLASSMANN 1935.)

des Nervensystems mit der Schilddrüse sind, eine Verbindung, der in ihrer Umfassenheit die Vorstellung von „knopfförmigen Endigungen hier und da“ auch nicht annähernd gerecht wird.

Wie das Präparat der Abb. 44 ohne weiteres erkennen läßt, besteht ein durchaus syncytialer Zusammenhang des *feinen Nervenplexus* auf der Media der kleinen, im Inneren der Schilddrüse liegenden Arterie mit einem zarten *terminalen Neuroreticulum* an den Schilddrüsenzellen. Einen gleichen syncytialen Zusammenhang der Schilddrüsenzellinnervierung sah ich auch an den nervösen Präterminalplexen der Schilddrüsencapillaren, wenngleich man daraus keineswegs etwa folgern darf, daß möglicherweise überhaupt nur die perivasal gelegenen Parenchymgebiete innerviert würden. Allerdings fand ich in direkter, unmittelbarer Nähe der größeren Schilddrüsengefäße, besonders im Kapselgebiet der Drüse, daß sich stellenweise *Nervenbündel mit Achsenzylindern viel stärkeren Kalibers in eigenartigen Schlingenbildungen mit Beteiligung vieler Kerne* im perivasalen Bindegewebe der Schilddrüsenarterien gruppieren (Abb. 45), die man ihrem ganzen Bau nach wohl als Gebilde *neuroreceptiver* Art ansprechen muß (*R*), wenngleich man ihnen ihre Funktion nicht ohne weiteres aus dem morphologischen Bilde ablesen kann. Die Receptoren erscheinen jedenfalls unabhängig vom übrigen mächtigen *efferenten Neurosyncytium* und erklären auch wohl den bei

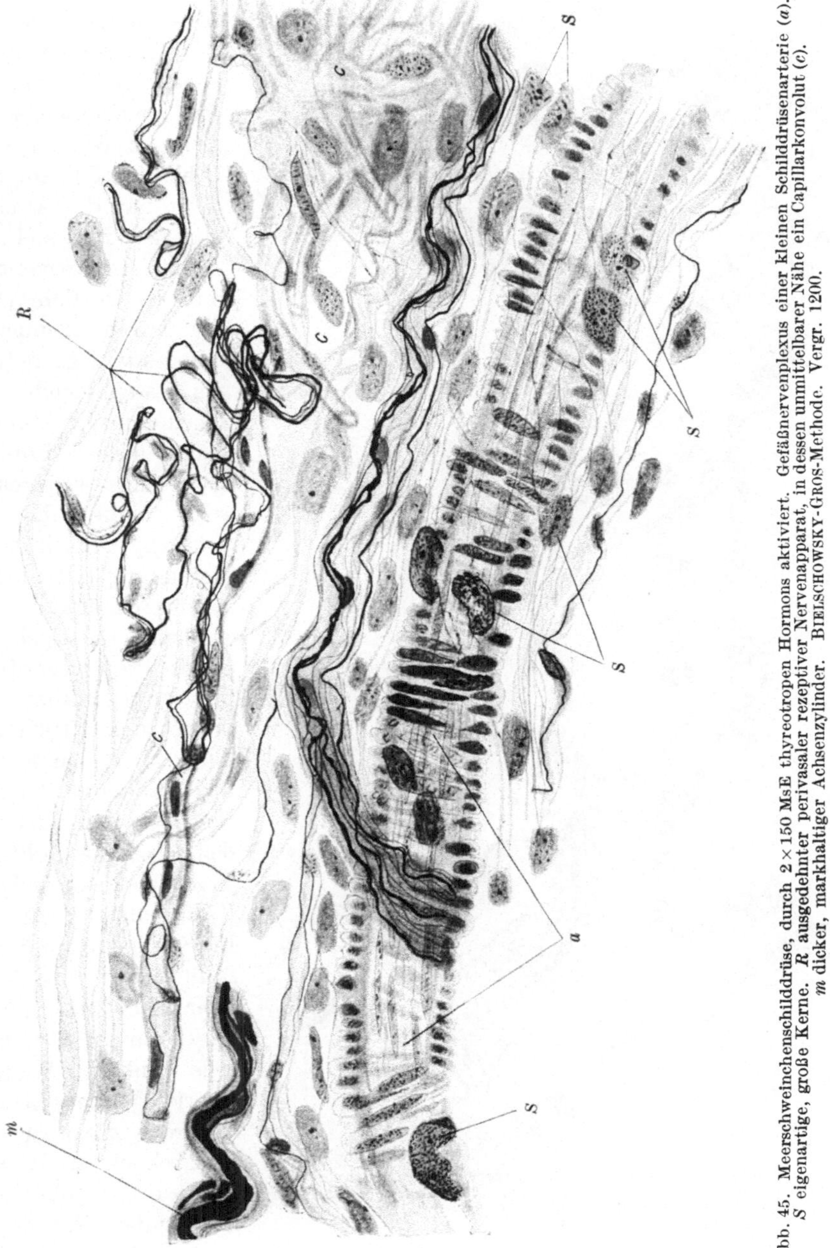

Abb. 45. Meerschweinchenschilddrüse, durch 2×150 MsE thyreotropen Hormons aktiviert. Gefäßnervenplexus einer kleinen Schilddrüsenarterie (*a*). *S* eigenartige, große Kerne. *R* ausgedehnter perivasaler rezeptiver Nervenapparat, in dessen unmittelbarer Nähe ein Capillarkonvolut (*c*). *m* dicker, markhaltiger Achsenzylinder. BIELSCHOWSKY-GROS-Methode. Vergr. 1200.

Gefäßligaturen während einer Schilddrüsenoperation häufig angegebenen Schmerz der Kranken. Die spontane Schmerzäußerung bei sonst guter Lokalanästhesie im Augenblick der Polgefäßligatur ist wohl jedem Kropfoperateur schon häufig aufgefallen, eine Beobachtung, die übrigens ENDERLEN (persönl. Mitt.) und PAYR (1931) veranlaßt hat, vor der Ligatur Novocain in das periadventitielle Bindegewebe des Polgefäßes zu spritzen.

Die rezeptiven Nervenapparate sah ich *immer* mit einem wahren *Konvolut von Capillaren* (Abb. 45, *C*) umgeben; daher hat die Annahme manches für sich, die rezeptiven Nervenapparate als in den Dienst der Durchblutungsregelung gestellt zu betrachten, wenngleich man ihnen selbstverständlich auch diese Funktion nicht ohne weiteres ansehen kann. Es wäre arbeitshypothetisch die Vermutung naheliegend, in ihnen möglicherweise ein antagonistisch wirkendes Pressoreceptorensystem gegenüber demjenigen der Carotissinusfelder zu erblicken. Jedenfalls habe ich im Sinus caroticus, der nach den oben geschilderten Ergebnissen von H. REIN, K. LIEBERMEISTER und D. SCHNEIDER mit der Schilddrüse hinsichtlich einer Mehrdurchblutung des Organs eine funktionelle Einheit darstellt, derartig gebaute nervöse Apparate nicht zu Gesicht bekommen, obwohl ich über eine sehr große Serie guter Nervenpräparate des Sinus caroticus

Abbb. 46. Kaninchenschilddrüse. Beidseitige cervicale Grenzstrangresektion einschließlich Gangl. cervic. cran. vor 11 Tagen. Der feinere Nervenplexus der Schilddrüsenarteriole weitgehend erhalten. BIELSCHOWSKY-GROS-Methode. Vergr. 1200.

vom Menschen aller Alterstufen (Feten bis 88jährigen Mann) und von vielen verschiedenen Tierarten verfüge; im Sinus caroticus finden sich vielmehr ganz andere spezifische Neuroreceptoren, über die ich in Z. Neur. 147 (1933) ausführlich berichtet habe. Die rezeptiven Schilddrüsenapparate aber gleichen vielmehr am meisten denjenigen sensiblen Endorganen, die STÖHR jr. (1928) an den Gefäßen der Pia mater beschrieben hat.

Dem terminalen Nervengewebe der Schilddrüse scheint im übrigen eine beträchtliche periphere Selbständigkeit zuzukommen. *Ganglienzellen* habe ich selber niemals in der Schilddrüse angetroffen, wenngleich NONIDEZ bei jungen Hunden einige in Nähe der Follikel dargestellt hat. Daß das terminale vegetative Nervengewebe durch Neurotomie oder Resektion vorgelagerter Grenzstrangabschnitte wahrscheinlich nicht zur Degeneration gebracht werden könne, hatten STÖHR jr., BOEKE, REISER und ich selber von vornherein schon lediglich auf Grund der Kenntnis von dessen reichhaltiger, syncytialer Beschaffenheit angenommen. Dies hat sich inzwischen immer wieder bestätigt. Nicht nur von klinischer Seite, wo RIEDER (1936) schon auf die „Selbständigkeit peripherer Nervennetze" geschlossen hatte, auch tierexperimentell fanden sich bemerkenswerte diesbezügliche Ergebnisse. K. A. REISER (1937) machte die Feststellung, daß das nervöse Terminalreticulum der Cornea trotz vollständiger Herausnahme des Ganglion Gasseri weitgehend erhalten blieb. Eine gleiche Unversehrtheit des größten Anteils im peripheren Nervengewebe nach Resektion der vorgelagerten vegetativen Nervenbahnen sah YOSHITOSHI (1937). Außerdem setzen im vegetativen Nervensystem ungeahnt schnelle *Regenerationen auch der groben Nervenbahnen* ein, wie HARTING (1934) bei seinen experimentellen Untersuchungen am Oesophagus des Kaninchens feststellen konnte. Ferner hat DE CASTRO (1933) in Transplantaten schon am 6. Tag neugebildete sympathische Nervenfasern beobachtet.

Ein Blick auf Abb. 46 zeigt, daß der nervöse Präterminalplexus an der kleinen Schilddrüsenarterie des Kaninchens weitgehend erhalten ist, obwohl vor 11 Tagen beidseitig der cervicale sympathische Grenzstrang herausgeschnitten wurde einschließlich des Gangl. cerv. cran., eine Zeit, nach der sich erfahrungsgemäß längst regressive Veränderungen zeigen müßten, wenn sie überhaupt zustande kämen. Daß hier außerdem selbst die gröberen nervösen Strukturen keine Degenerationszeichen aufweisen, liegt eben auch daran, daß die Schilddrüse keineswegs allein vom Grenzstrang ihre Nerven erhält.

Auch an der durch thyreotropes Hypophysenvorderlappenhormon aktivierten Schilddrüse kann man sich jederzeit überzeugen, daß zwischen efferenter Gefäß- und Organzelleninnervierung keine Trennung besteht. Das Präparat der Abb. 47 einer derartig aktivierten Schilddrüse zeigt, wie von gröberen Nervenfäserchen mit charakteristischen REMAKschen Knotenpunkten (*Rem*) und typischen Varikositäten (*V*) des Präterminalplexus der Schilddrüsenfollikel in ununterbrochenem Zusammenhang ein feinstes, nervöses Terminalreticulum abzweigt, um syncytial auf bzw. in die Wandung des muskelfreien, intraglandulären Schilddrüsengefäßes (*G*) überzugehen. Es zeigt sich also hier in der aktivierten Schilddrüse immer wieder, daß Gefäßinnervierung, d. h. nervöse Durchblutungsregelung und nervöse Beeinflussung der Schilddrüsenfollikelzellen, eine jeweils einheitliche, *zusammengeschlossene* Funktion des vegetativen Nervensystems darstellen, die sich besonders intensiv naturgemäß im Capillargebiet auswirken dürfte, worauf schon STÖHR jr. (1938) in seiner letzten, großen zusammenfassenden Arbeit ganz allgemein hinweist. Da die nervösen Receptorenfelder des Sinus caroticus nach REIN, LIEBERMEISTER und D. SCHNEIDER für die Durchblutungsregulation der Schilddrüse besondere Bedeutung haben, habe ich auf die aus der dargelegten Innervierungsweise sich ergebenden Schlußfolgerungen für die Schilddrüsenfunktion bereits 1935 hingewiesen und vom „*neuro-vegetativ-hormonalen System*" gesprochen. G. v. BERGMANN (1938), HANKE (1937) u. a. haben sich meiner Auffassung vollauf angeschlossen; auch STÖHR jr. hat in seinem Vortrag über den gegenwärtigen Stand unserer Kenntnisse vom vegetativen Nervensystem auf dem Naturforscherkongreß 1938 in Wiesbaden meinen diesbezüglichen Standpunkt vertreten und vom „neuro-hormonalen System" gesprochen; ich verweise auch auf seine Darlegungen[1].

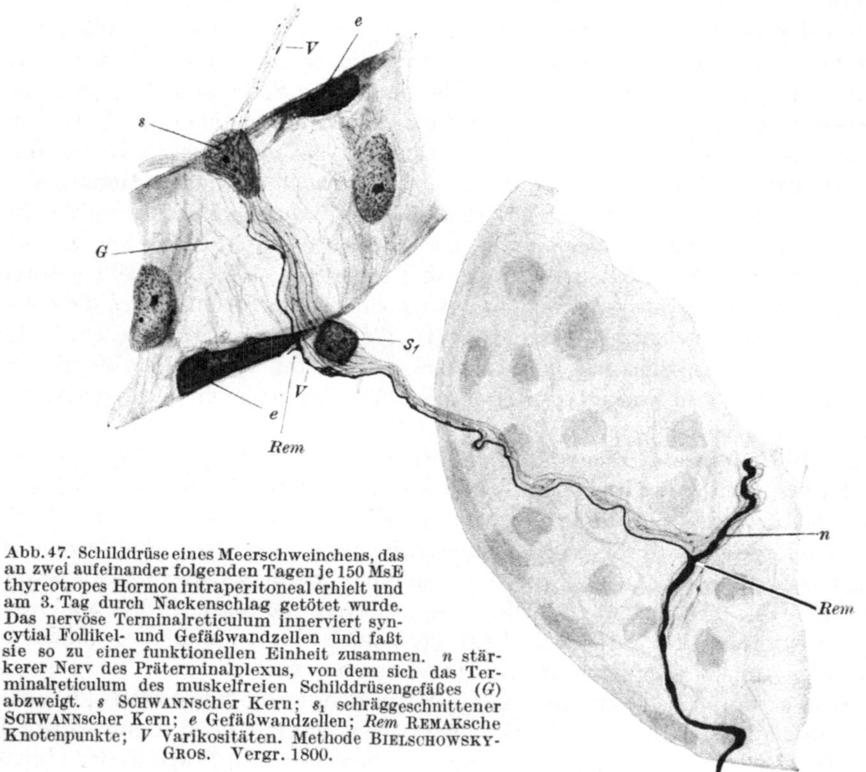

Abb. 47. Schilddrüse eines Meerschweinchens, das an zwei aufeinander folgenden Tagen je 150 MsE thyreotropes Hormon intraperitoneal erhielt und am 3. Tag durch Nackenschlag getötet wurde. Das nervöse Terminalreticulum innerviert syncytial Follikel- und Gefäßwandzellen und faßt sie so zu einer funktionellen Einheit zusammen. *n* stärkerer Nerv des Präterminalplexus, von dem sich das Terminalreticulum des muskelfreien Schilddrüsengefäßes (*G*) abzweigt. *s* SCHWANNscher Kern; *s₁* schräggeschnittener SCHWANNscher Kern; *e* Gefäßwandzellen; *Rem* REMAKsche Knotenpunkte; *V* Varikositäten. Methode BIELSCHOWSKY-GROS. Vergr. 1800.

Was die Schilddrüsenfunktion betrifft, so findet sich in meiner Darstellung ihres neurohistologisch festliegenden morphologischen Substrates eine Bestätigung der Auffassungen von ASCHOFF, WEGELIN, SAUERBRUCH, BREITNER u. a., die einer einseitig „glandulär" gesehenen Hypothese hinsichtlich der Schilddrüsenreaktionen entgegentreten.

Wie außerordentlich innig an den einzelnen Schilddrüsenzellen die Verbindung mit dem Nervensystem ist, erkennt man erst mit stärkeren Linsensystemen. Leider versagt hier — wie überhaupt bei bildlicher Wiedergabe der Neurofibrillen, die sich ja ständig durch verschiedene Ebenen winden — die Mikrophotographie; daher ist man gezwungen, die bildliche Darstellung dieser Elemente der geschickten Hand eines erfahrenen histologischen Zeichners anzuvertrauen. Ein Teil meiner diesbezüglichen Präparate ist von der Meisterhand

---

[1] STÖHR jr.: Klin. Wschr. **1939 I**, 41.

des Univ.-Zeichners W. Freytag (Anatomie in Würzburg) wiedergegeben, ein anderer Teil von Herrn Dr. med. habil. J. Beaufays und Herrn Dr. med. K. Daubenspeck; die Abb. 43 wurde im Laborator. v. Embryol. en Histol. R'Universit. Utrecht (Prof. Dr. J. Boeke) von dem dortigen Institutszeichner nach meinem Präparat angefertigt.

Ich habe zunächst versucht, dort, wo es eben noch angängig ist, zu photographieren. So vermag man in Abb. 48 noch zu erkennen, wie feine Nervenfäserchen des Präterminalplexus zu dem Follikel treten, und man sieht noch,

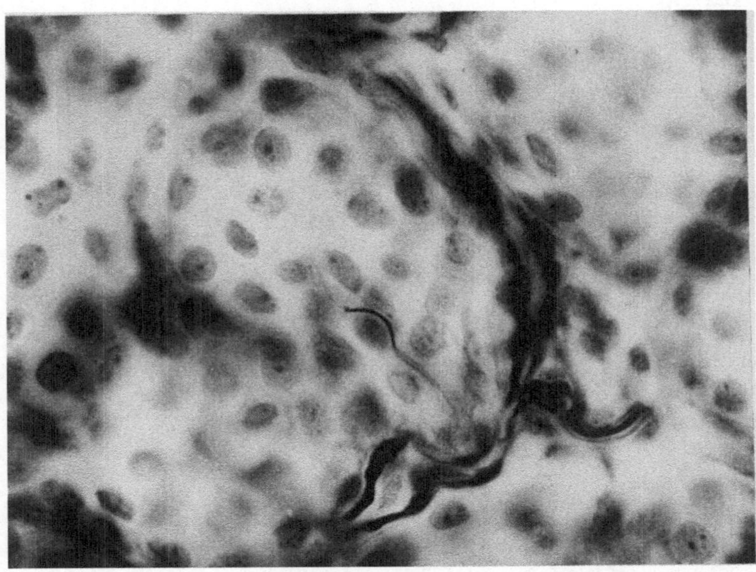

Abb. 48. Das Mikrophotogramm vermag die Beziehung der terminalen Nervenfäserchen zu den Schilddrüsenfollikeln nur sehr unvollkommen wiederzugeben, da sich die Nerven durch verschiedene Ebenen winden. Man beachte jedoch die charakteristischen Varikositäten und die typische Art der Verzweigung! Meerschweinchenschilddrüse, aktiviert durch thyreotropes Hormon. Bielschowsky-Gros-Präparat. Obj. $^1/_{12}$ mm Ölimmers., Ok. 8.

wie an einer Stelle eine ganz zarte Neurofibrille sich zwischen die Follikelzellen drängt. Das Mikrophotogramm vermag die Beziehungen der terminalen Nervenfäserchen zu den Schilddrüsenfollikeln nur sehr unvollkommen wiederzugeben, da sich die Nerven eben durch verschiedene Ebenen winden; aber man vergleiche einmal dies Bild immerhin mit dem Bindegewebsbild der Abb. 31. Man beachte in dem Nervenbild die charakteristischen Varikositäten und die ganz typische Art der Verzweigung! Will man das Verhalten der feinsten nervösen Terminalfibrillen zu den einzelnen Schilddrüsenzellen noch photographieren, so ist man allerdings schon an der Grenze des heute Möglichen angelangt, wie Abb. 49 zeigt. Dies Mikrophotogramm vermag noch teilweise eine feinste Neurofibrille (*tn*) zwischen den Follikelzellen darzustellen. Man beachte die charakteristischen Varikositäten und die eindeutige, typische, noch in den allerfeinsten nervösen Strukturen sichtbare, *dichotomische Verzweigung* bei *d*! Im Präparat ist selbstredend eine kontinuierliche Verbindung zwischen diesen Teilen vorhanden, die hier im Mikrophotogramm isoliert erscheinen, da das Spiel der Mikrometerschraube beim Exponieren des Negativs leider aufhören muß.

Dagegen vermag die Hand des Zeichners den Windungen der gröberen und feinsten Nervenfäserchen kontinuierlich zu folgen und uns ein besseres Bild von dem Erschauten zu geben. So sieht man in Abb. 50 die plexusartige Aufteilung der sehr feinen zum Teil noch präterminalen, marklosen Neurofibrillenbündelchen wesentlich besser. Das von unten kommende stärkere Nervenbündelchen zweigt sich direkt von einer nicht in der Abbildung dargestellten Schilddrüsenarteriole ab und entsendet in syncytialem Zusammenhang zu den Follikeln schon so feine Neurofibrillen, daß man diese bereits als Teile des nervösen *Terminalreticulums* ansehen darf.

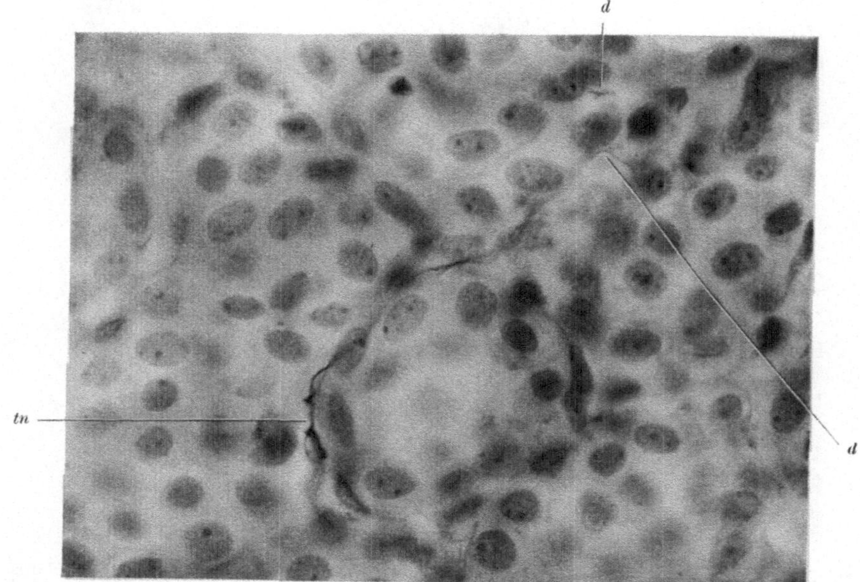

Abb. 49. Gleiches Präparat wie das der Abb. 48. Das Mikrophotogramm vermag noch teilweise eine feinste Neurofibrille (*tn*) des nervösen Terminalreticulums wiederzugeben. Man beachte die charakteristischen Varikositäten und die typische dichotomische Verzweigung bei *d*!

Es gelingt leider nicht immer, *alle* groben Nervenbündel und mit ihnen *gleichzeitig* die gesamten, feinsten terminalen neurofibrillären Ausbreitungen imprägniert zu bekommen. Solches geschieht nur manchmal, und ein Beispiel solcher Art zeigt meine Abb. 2[1], deren zugehörendes Präparat einer menschlichen Appendix entstammt, die ich serienweise aufschneiden und untersuchen konnte, wobei wohl eine restlose Darstellung der groben Nervenbündel, der Ganglienzellen und gleichzeitig der feinsten Maschen des gesamten nervösen Terminalreticulums gelungen ist. K. A. REISER (1935), dem wir die ersten ausgezeichneten neurohistologischen Studien des Terminalreticulums am Appendix verdanken, beschreibt in gleicher Weise ein Präparat, in dem er in kontinuierlicher Ableitung von groben Nervenfäserchen und feinsten Ästchen seines *präterminalen Netzwerkes* das *nervöse Terminalreticulum* vorzüglich darstellen konnte.

Im Gegensatz zu solchen Präparaten sieht man im Schilddrüsenpräparat der Abb. 51 nur einen Teil der präterminalen Neurofibrillen (*pr*), die sich zum nervösen *Terminalreticulum* (*t*) aufteilen. Mit Sicherheit zeigen die

---

[1] SUNDER-PLASSMANN, P.: Dtsch. Z. Chir. **251**, 136 (1938).

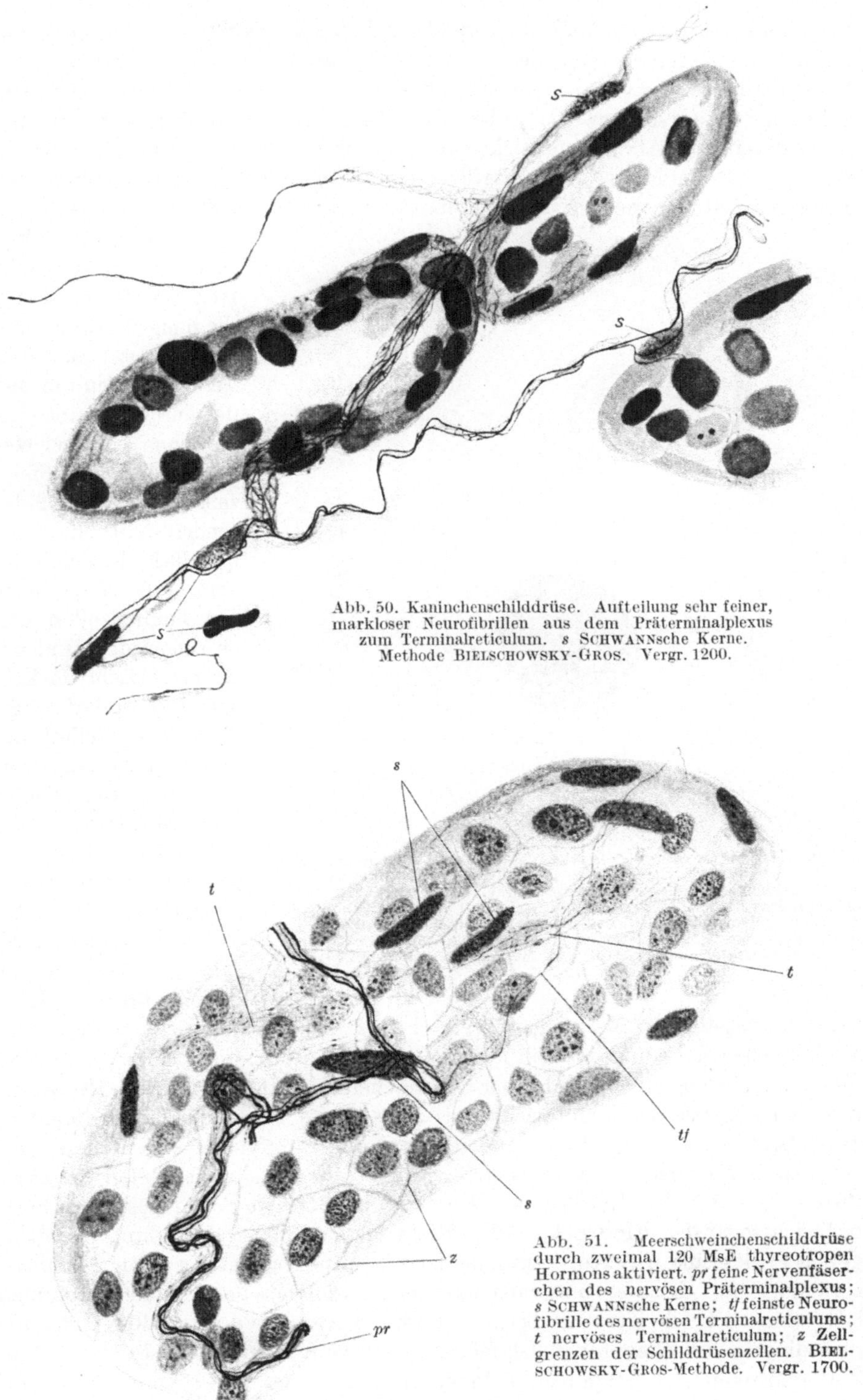

Abb. 50. Kaninchenschilddrüse. Aufteilung sehr feiner, markloser Neurofibrillen aus dem Präterminalplexus zum Terminalreticulum. *s* SCHWANNsche Kerne. Methode BIELSCHOWSKY-GROS. Vergr. 1200.

Abb. 51. Meerschweinchenschilddrüse durch zweimal 120 MsE thyreotropen Hormons aktiviert. *pr* feine Nervenfäserchen des nervösen Präterminalplexus; *s* SCHWANNsche Kerne; *tf* feinste Neurofibrille des nervösen Terminalreticulums; *t* nervöses Terminalreticulum; *z* Zellgrenzen der Schilddrüsenzellen. BIELSCHOWSKY-GROS-Methode. Vergr. 1700.

Schilddrüsenpräparate, daß die Schilddrüse keinesfalls nur über bisher angenommene „Gefäßeigennerven" nervösen Regulationen zugängig ist, wie es z. B. NONIDEZ betont, sondern vielmehr aufs denkbar feinste selber in ihren Einzelzellen nervös versorgt wird, wobei auch hier der kontinuierliche Zusammenhang des in der Abbildung sichtbaren nervösen Terminalreticulums mit den feinen, präterminalen Neurofibrillen eine Verwechslung mit argyrophilem Bindegewebe oder jungen Reticulinfasern *unmöglich macht.*

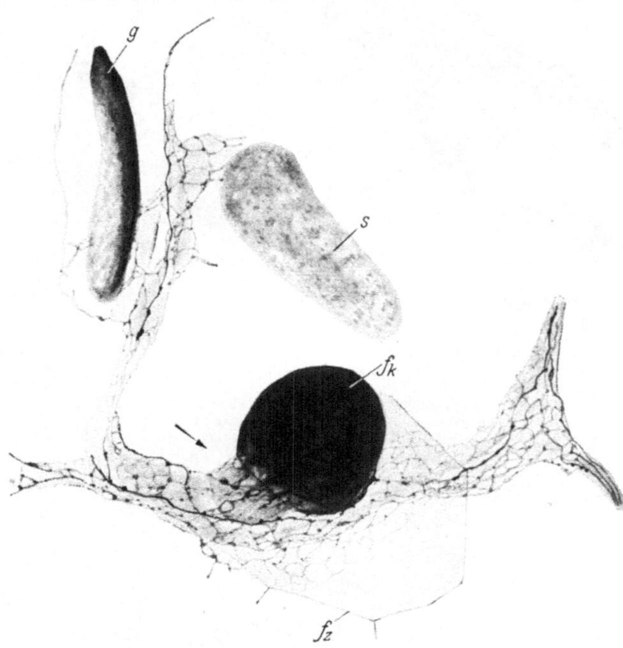

Abb. 52. Schilddrüse vom Kaninchen, das an zwei aufeinander folgenden Tagen je 125 MsE thyreotropes Hormon intraperitoneal erhielt und am 3. Tag durch Nackenschlag getötet wurde. Man beachte den intra- und epiplasmatischen Übergang des nervösen Terminalreticulums auf die Schilddrüsenfollikelzelle! *fk* Kern der Follikelzelle; *fz* Zellgrenze des Protoplasmaleibes der geschwollenen Follikelzelle; *s* SCHWANNscher Kern; *g* Gefäßwandzelle einer Präcapillare. Methode BIELSCHOWSKY-GROS. Vergr. 2400.

Die untrennbare Verbindung mit den feinsten Gefäßnerven und die innige Verbindungsweise des nervösen Terminalreticulums mit der durch thyreotropes Hormon aktivierten Schilddrüsenfollikelzelle zeigt Abb. 52 besonders deutlich. Es ist hier die Follikelzelle aus dem Verband der übrigen Follikelzellen herausgenommen und mit ihrem aktivierten Zellkern (*fk*) und dem geschwollenen Zelleib mit seinen Plasmagrenzen (*fz*) sowie die eigentliche Ausbreitung des terminalen Neuroreticulums auf dem Protoplasma des Zelleibes besonders klar in Erscheinung getreten. Einen ähnlich innigen Kontakt des vegetativen Nervengewebes stellen z. B. auch STÖHR jr. und BOEKE an Fettzellen dar, und ich bin mit den beiden Autoren der Überzeugung, daß nicht nur ein ungemein reichlicher Oberflächenkontakt der nervösen Substanz mit dem Plasma der Erfolgszelle auf diese Weise zustande kommt, sondern zweifelsfrei auch Teile dieses äußerst zarten Neuroreticulums direkt *in das versorgte Zellprotoplasma selbst eindringen.* An der vorliegenden Zelle, die einer durch 2×125 MsE thyreotropen Hormons aktivierten Schilddrüse zugehört, habe ich sogar den Eindruck, daß in Richtung des in der Abbildung eingetragenen Pfeiles eine direkte, kontinuierliche Verbindung des nervösen Terminalreticulums mit der *Kernmasse* der aktivierten Follikelzelle zustande gekommen ist, wenngleich ich letzteres bei der starken Vergrößerung von 2400 nicht mit unbedingter Sicherheit hinstellen möchte. Ich benutze das neueste binokulare Zeißmikroskop mit eingebauter Präzisionslichtquelle. Man kann damit im Stereobild sehen, wie (Abb. 52 Pfeilrichtung) direkt vor dem Kern ein das

Ausmaß des Zellkernes ungefähr umfassender Bezirk im Protoplasmaleib der Follikelzelle deutlich dunkler tingiert ist; der dunkel tingierte Bezirk liegt mit Sicherheit noch inmitten des nervösen Terminalreticulums, und es zeigen sich, von letzterem ausgehend, feinste retikuläre Strukturen, die eine direkte Verbindung mit dem Gerüst des gequollenen Kernes der aktivierten Schilddrüsenfollikelzelle erkennen lassen.

Am lebensfrisch fixierten Material der durch thyreotropes Hormon aktivierten *Meerschweinchenschilddrüsenzellen* ist der innige Kontakt mit dem Nervensystem

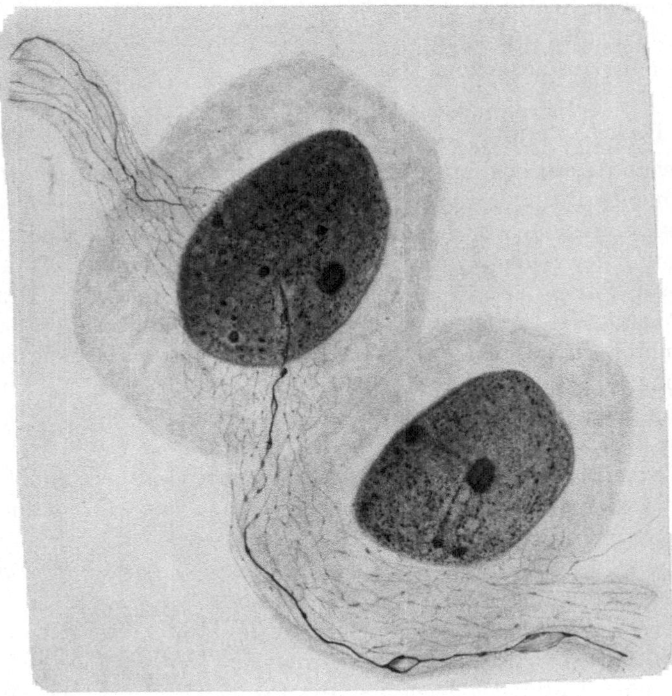

Abb. 53. Meerschweinchenschilddrüse, durch 2 × 150 MsE thyreotropes Hormon aktiviert. Nervöses Terminalreticulum an und in den einzelnen Schilddrüsenfollikelzellen bei 2400facher Vergrößerung. Das nervöse Terminalreticulum, dessen Ausschnitt hier zu sehen ist, geht kontinuierlich durch etwa 5 Gesichtsfelder, wobei es einmal eine muskelfreie breite Gefäßwand und einmal eine Capillarwand durchzieht. BIELSCHOWSKY-GROS-Methode.

nicht minder gut zu erkennen (Abb. 53), und man sieht, wie die feinsten Neurofibrillen des nervösen Terminalreticulums nicht an einer einzelnen Zelle „endigen", sondern kontinuierlich von Zelle zu Zelle ziehen. Ich zweifle nicht daran, daß das hier sichtbare nervöse Terminalreticulum zum größten Teil *intraplasmatisch mit den Schilddrüsenfollikelzellen* der aktivierten Drüse verbunden ist. Es sind beide Follikelzellen aus dem Abschnitt der übrigen, die genau so gut sichtbar sind, herausgenommen; im Präparat aber kann man wiederum sehr schön verfolgen, wie das abgebildete nervöse Terminalreticulum durch etwa fünf Gesichtsfelder zieht, wie es im syncytialen Zusammenhang durch eine muskelfreie breite Gefäßwand und durch die Wand einer Capillare hindurchzieht.

Ich habe früher ausgeführt, daß ich in dem funktionellen, jeweiligen Zustand des SCHWANNschen Plasmodiums und in der jeweiligen Verbindungsweise des nervösen Terminalreticulums mit den einzelnen Schilddrüsenfollikelzellen *wesentliche Faktoren erblicke,* deren sich der Organismus bei den verschiedenen Reaktionen, die in der Schilddrüse zur Auswirkung kommen, bedient. Ob dabei den Schwannschen Kernen allgemein die Fähigkeit einer inneren Sekretion ihrerseits zuzuschreiben ist, und ob das nervöse *Terminalreticulum,* je nachdem es *auf* oder *im Plasma* der Schilddrüsenzellen liegt — funktionelle Zustände, die nach dem morphologischen Bild als durchaus möglich gedacht werden können —, *verschiedene Fähigkeiten* und dementsprechend auch verschiedene Einwirkungsmöglichkeiten auf den intracellulären Zustand (hemmend, fördernd usw.) der einzelnen Schilddrüsenzelle besitzt: das sind weiterhin Teilfragen einer Arbeitshypothese, die uns noch in ihren Einzelheiten sehr genau beschäftigen wird; ich komme unten darauf zurück.

V. Das thyreotrope Hormon der Vorderhypophyse.

Es ist bekannt, daß zwischen der Schilddrüse und den übrigen endokrinen Drüsen bestimmte Beziehungen bestehen, wenngleich man über den Wirkungsmechanismus im einzelnen noch keineswegs klar sieht. Am besten sind wir noch über den Einfluß der *Hypophyse* auf die Schilddrüse unterrichtet. Man hat beim Menschen, beim Säugetier und auch beim Kaltblüter beobachtet (Reiss 1934), daß nach Fortfall der Hypophyse eine starke Untertätigkeit der Schilddrüse eintritt, die unter Umständen von einer regelrechten Atrophie gefolgt sein kann. Diese Wirkung auf die Schilddrüse kann man unterdrücken oder rückgängig machen, wenn Hypophysensubstanz — und zwar enthält die *Vorder*hypophyse das wirksame Hormon — zugeführt wird. Nach Hanke (1938) ist die Metamorphose der Amphibienlarven ohne Hypophysenvorderlappen nicht möglich, wenngleich sie eine spezifische Schilddrüsenwirkung darstellt; denn die Entwicklung der Schilddrüse bleibe ohne Hypophyse zu stark zurück.

Von Interesse ist in diesem Zusammenhang, daß beim *hypothyreotischen* Menschen (de Quervain und Wegelin 1936, Means 1937, Saegesser 1939) eine *Vergrößerung der Vorderhypophyse* gefunden wurde, während bei reinen *Basedowfällen nach* Holst *noch nie eine Vergrößerung der Hypophyse gefunden wurde.*

Die einleitenden Untersuchungen über die Beziehungen zwischen Schilddrüse und Hypophyse verdanken wir Rogawitsch (1889) und Stieda (1890), die bereits zeigten, daß es nach Schilddrüsenentfernung zu Veränderungen an der Hypophyse kommt. Wegelin (1936) fand in seinen *Kretinen*serien 20 von 24 untersuchten Kretinenhypophysen *hyperplastisch* und später noch einmal 9 von 11 untersuchten. Die Hypophyse zeigt in allen jenen Fällen eine lediglich den *Vorderlappen* betreffende Vergrößerung. Das gleiche wurde auch beim angeborenen Fehlen der Schilddrüse an der Hypophyse festgestellt. Beim Morbus Basedow ergaben sich dagegen nach neueren Befunden Wegelins in der Vorderhypophyse ausgesprochen *degenerative Zellbefunde.*

Von großer Bedeutung war die Auffindung eines Vorderlappenextraktes, der in Wasser und physiologischen Salzlösungen leicht löslich ist und eine stark schilddrüsenaktivierende Eigenschaft besitzt; daher wird diese Substanz als *thyreotropes Hypophysenvorderlappenhormon* bezeichnet. Nach Hanke scheint das Hormon chemisch dem Wachstums- und gonadotropen Hormon nahezustehen, wenngleich biologische Wirkungen auf Wachstum und Keimdrüsen fehlen. Andererseits läßt sich nach Zuführung von Wachstums- oder gonadotropem Hormon keine Aktivierung der Schilddrüse feststellen.

Wichtig ist, daß das thyreotrope Hormon durch die Verdauungssäfte zerstört wird; es muß daher parenteral verabreicht werden. Durch längere Anwendung von Hitze oder proteolytische Fermente wird es inaktiviert (HANKE). LOESER zeigte, daß das Hormon im Blut vorkommen kann; jedoch machen die sehr geringen Mengen seinen Nachweis schwer. Desgleichen soll es im Harn vorkommen. Es ist sehr beachtenswert, daß hier das thyreotrope Hormon *nicht* etwa beim M. Basedow vermehrt gefunden wurde, wohl dagegen bei *„Athyreoten, Kretinen und Hypothyreoten* stärkeren Grades" (SAEGESSER 1939).

Während das thyreotrope Hormon im Blut nur in Spuren und sehr schwer nachweisbar ist, zeigten SCHITTENHLM und EISLER (1935) seine Gegenwart im *Zwischenhirn und Liquor.*

Über die Wirkung des thyreotropen Hormons ist in den letzten Jahren viel geschrieben worden. Die grundlegenden Arbeiten stammen vor allem von ARON (1930), LOEB (1930) und BASSET (1930), JANSSEN und LOESER (1931), JUNKMANN und SCHOELLER (1932) u. a. Es wurde festgestellt, daß der thyreotrope Wirkstoff eine „Proliferation des Schilddrüsenparenchyms" zur Folge hat (vgl. Abb. 4, 32, 35 und 54), und daß bei den damit behandelten Tieren ziemlich analoge Erscheinungen wie bei der menschlichen Hyperthyreose zu beobachten sind: Grundumsatzerhöhung, Kolloidverarmung der Follikel, Ansteigen des Blutjodspiegels (LOEB, LOESER, CLOSS und McKAY, SCHITTENHELM und EISLER, GRAB, SCHNEIDER und WIDMANN). Ferner fand man (ARON, JANSSEN und LOESER, EITEL und LOESER, SCHNEIDER und WIDMANN u. v. a.), daß unter der Wirkung des thyreotropen Hormons eine erhebliche Verarmung der Leber an Glykogen stattfindet, das normalerweise dort gespeichert wird, um schubweise nach den Erfordernissen der Ökonomie des Organismus abgegeben zu werden. Die Glykogenverarmung nach Einwirkung thyreotropen Hormons ist so groß, daß am 10.—11. Tage bei fortgesetzter Hormonzufuhr die Leber nahezu glykogenfrei ist. Da Glykogenschwund an schilddrüsenlosen Tieren nicht eintrat, sehen EITEL und LOESER denselben als Ausdruck erhöhter Schilddrüsentätigkeit an, ein Zustand, der auch bei klinischen Hyperthyreosen zur Beobachtung kommen kann.

Merkwürdig ist, daß die einzelnen Tierarten ein verschieden starkes Reagieren gegenüber dem thyreotropen Hormon besitzen. Bei Meerschweinchen und Kaninchen ist die Wirkung sehr deutlich, bei Ratten soll sie kaum eintreten. OKKELS (1937) hat die verschiedenen Stadien der Hormonwirkung und die Veränderungen am GOLGI-Apparat der Schilddrüsenzellen beschrieben; nach seinen Beobachtungen beginnt die Schilddrüse bereits 30—40 Minuten nach der intraperitonealen Hormonverabreichung mit der Umstellung, und die Follikelzellen werden größer. In den nächsten Stunden setzt eine starke Vaskularisierung ein, eine Art Epithelisierung folgt; gleichzeitig beginnt eine Kolloidverflüssigung, das Kolloid schwindet mehr und mehr, so daß die Schilddrüse schließlich fast kolloidfrei und jodarm wird. Gibt man täglich weitere Mengen des thyreotropen Hormons, so werden die Erscheinungen zunächst ausgeprägter, setzt man das Hormon ab, so bilden sie sich restlos zurück.

Wenn man lange Zeit täglich gleiche Mengen des thyreotropen Hormons zuführt, so fängt die Schilddrüse an, sich wieder zurückzubilden, d. h. sie wird gegen das Hormon der Vorderhypophyse „refraktär" und zeigt keine Wirkung mehr darauf. Während in den Abb. 35, 91 das Bild einer durch thyreotropes

Hormon hochaktivierten Schilddrüse zu sehen ist, zeigt Abb. 54 die beginnende, deutliche Wirkung dieses Hormons nach 5 Stunden der einmaligen intraperitonealen Verabreichung; man erkennt das Auftreten großer, hellkerniger Zellen in den Interstitien und Follikelverbänden, wobei gleichzeitig eine beginnende „Verflüssigung" des Kolloids zu sehen ist. Dagegen zeigt das Mikrophotogramm der Abb. 55 die Schilddrüse eines Meerschweinchens, das 20mal an aufeinanderfolgenden Tagen je 50 MsE thyreotropen Hormons intraperitoneal erhielt und am 21. Tag durch Nackenschlag getötet wurde. Wie man in den Präparaten sieht,

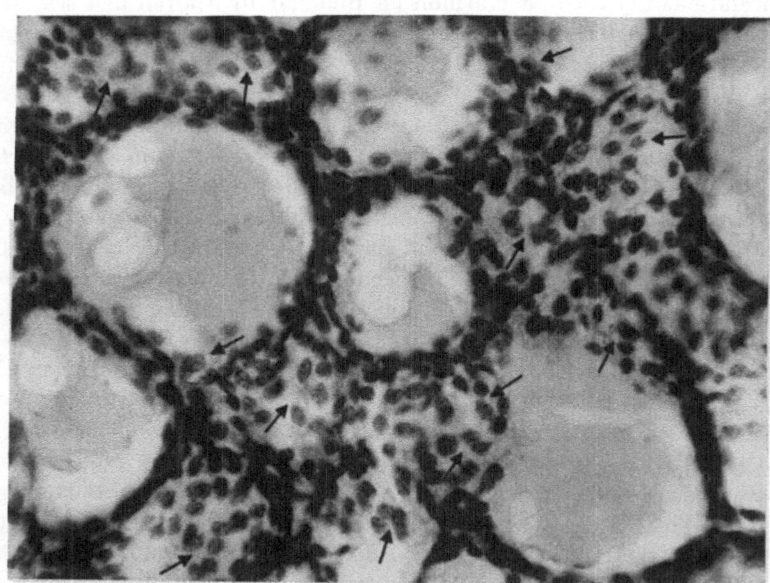

Abb. 54. Schilddrüse eines Meerschweinchens, das vor 5 Stunden 100 MsE thyreotropes Hormon intraperitoneal erhielt. Auftreten großer, hellkerniger Zellen (↗) in Interstitien und Follikelverbänden; beginnende „Verflüssigung" des Kolloids. Hä-Eos.-Präparat. Mikrophoto. Obj. D, Ok. 6.

werden die großen, hellkernigen Zellen kleiner und beginnen, an vielen Stellen „sich zurückzuziehen"; dagegen treten jetzt die dunkelkernigen Thyreocyten wieder schärfer in den Follikelverbänden hervor, und allmählich wird wieder ein mehr und mehr anfärbbares Kolloid in den Follikeln sichtbar.

Der Grundumsatz wird nach den Beobachtungen von SIEBERT und SMITH (1930) nach täglicher Zufuhr des thyreotropen Hormons beim Meerschweinchen um durchschnittlich 60% gesteigert; im Refraktärstadium geht er trotz der weiteren Zufuhr des thyreotropen Hormons nicht nur gänzlich zurück, sondern sinkt bis unter den Ausgangswert. EITEL, KREBS und LOESER (1933) sahen an ihren mit thyreotropem Hormon behandelten Schilddrüsenschnitten in vitro gleichfalls die Zeichen einer Aktivierung. Dagegen hatte DEMUTH (1932) bereits gezeigt, daß das überlebend gezüchtete Schilddrüsengewebe auf thyreotropes Hormon *nicht reagiert.*

KRAYER (1933) entfernte den Halssympathicus beim Meerschweinchen und sah danach das thyreotrope Hormon in der Schilddrüse wirksam. Schon HIRSCHBERGER (1931) sowie HOUSSAY und Mitarbeiter (1932) hatten an transplantierten Schilddrüsen das thyreotrope Hormon zur Wirkung kommen sehen. H. EITEL hat dann auch einige Jahre später (1934) transplantierte Schilddrüsenteilchen bei Kaninchen mit thyreotropem Hormon beeinflussen können. Er hat dann auch — wie KRAYER schon 1933 — den Halssympathicus exstirpiert und sah ebenso das thyreotrope Hormon an der Schilddrüse zur Wirkung kommen. Er folgert aus seinen Versuchen, daß der „Impuls für die krankhafte Steigerung der Schilddrüsentätigkeit beim Morbus Basedow vom Nervensystem weitgehend unabhängig sei“. Dieser Auffassung kann ich mich nach dem, was oben über „Nervensystem und Schilddrüse“ ausgeführt wurde, nicht anschließen: die

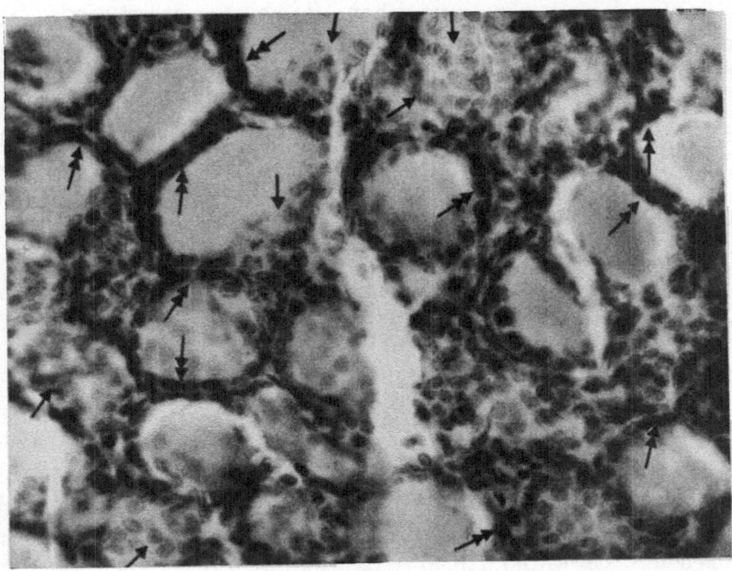

Abb. 55. Schilddrüse eines Meerschweinchens, das 20mal an aufeinander folgenden Tagen je 50 MsE thyreotropes Hormon intraperitoneal erhielt. Die großen, hellkernigen Zellen (↗) werden kleiner und beginnen, sich „zurückzuziehen“; die dunkelkernigen Thyreocyten (↯) treten schärfer hervor; allmählich tritt wieder Kolloid in den Follikeln auf. Hä.-Eos.-Präparat. Mikrophoto. Obj. D, Ok. 6.

Eigenart und ungeahnte Reichhaltigkeit des peripheren, terminalen Nervengewebes der Schilddrüse mit seinem syncytialen Aufbau, den außerordentlich innigen, intraplasmatischen Zusammenhängen mit den einzelnen Schilddrüsenzellen, der weitgehenden Automatie des Präterminalplexus mit seinen massenhaften SCHWANNschen Kernen, die ungeheure Regenerationsfähigkeit dieser Neuroelemente des vegetativen Systems und nicht zuletzt die Besonderheit der erst kürzlich von mir beschriebenen *„neuro-hormonalen Zellen des Vagussystems“* (s. unten) in der Schilddrüse lassen die EITELsche Schlußfolgerung keinesfalls zwingend erscheinen. Ich bin vielmehr der Meinung — und habe das schon 1935 ausgeführt —, daß es sich hier um einen *neuro-hormonalen Wirkungsmechanismus* handelt, auf dessen biologische Bedeutung weiter unten noch ausführlich zurückzukommen ist.

VI. Zur Frage des „antithyreotropen Hormons“.

In der letzten Zeit macht ein Terminus „Anti-Hormon“ von sich reden und zwar zunächst noch im Zusammenhang mit der Wirkungsweise des thyreotropen Hypophysenvorderlappenhormons; aber man versucht auch schon ihn weiter auszudehnen. Wie wir oben sahen, kann durch parenterale Gaben des thyreotropen Wirkstoffes eine Aktivierung der Schilddrüse erzielt werden, wobei man ganz charakteristische Veränderungen an der Schilddrüse im Sinne einer Mehrleistung findet, die sich auch im Gesamtorganismus dementsprechend äußern. Aber nach einiger Zeit tritt „*Gewöhnung*“ ein; nach etwa 3—4 Wochen gleichbleibender Hormonzufuhr reagieren die Tiere nicht mehr darauf; trotz fortgesetzter Hormonzufuhr wird das Epithel der Schilddrüse wieder flacher, das färbbare Kolloid der Follikel reichert sich an, der Grundumsatz sinkt, und er kann bis unter den Ausgangswert gehen, die Leber speichert wieder Glykogen. Dieses sog. „Refraktärwerden“ der Schilddrüse ist zuerst von LOEB, ARON, JUNKMANN und SCHOELLER sowie JANSSEN und LOESER beobachtet worden, und ich habe mich gleichfalls bei meinen zahlreichen Versuchen mit jenem Wirkstoff in den letzten Jahren davon überzeugen können. Während ich gewöhnlich sah, daß nach 6—10 derartigen Injektionen von je 50 MsE thyreotropen Hormons die Schilddrüse oftmals gänzlich kolloidfrei erschien, sieht man im Mikrophotogramm der Abb. 55, daß nach 20 Injektionen bereits das Refraktärstadium sich zu bilden beginnt, da frisch färbbares, hellrotes Kolloid in den Follikeln erscheint und die Epithelzellenproliferationen in den Follikeln zurückgehen, wie das Studium einer größeren Anzahl solcher Schilddrüsenpräparate beweist.

Das „Refraktärwerden“ der Schilddrüse gegenüber dem thyreotropen Hormon haben einige Autoren auf die Bildung „antithyreotroper Hormone“ (COLLIP und ANDERSON 1934) oder „antithyreotroper Schutzstoffe des Blutes“ (EITEL und LOESER 1935) zurückgeführt.

Die Annahme solcher „Anti-Hormone“ oder auch spezifisch wirksamer „*antithyreotroper* Schutzstoffe“ kann aber keineswegs als gesichert gelten, wie ich zusammen mit EICKHOFF (1939) dargelegt habe. Und wenn der Terminus „Anti-Hormon“ schon so sehr in den Gemütern gezündet hat, daß bereits in klinischen Abhandlungen und Doktordissertationen von diesem Wunderstoff des Blutes gesprochen wird, als sei die Existenz solcher Substanzen eine längst bewiesene und festgegründete Tatsache, so erscheint das zum *mindesten* durchaus verfrüht und überhaupt sehr bedenklich.

Den Nachweis für das Vorhandensein antithyreotroper Hormone oder Schutzstoffe glauben die obengenannten Autoren durch folgende Versuchsanordnung erbracht zu haben: Sie haben Tiere (z. B. Ratten, Kaninchen, Hunde, Schafe, Pferde) *wochenlang* mit thyreotropem Hormon behandelt. Dann wurde das Serum dieser so vorbehandelten Tiere gesunden Meerschweinchen in einer Menge von 2 ccm intraperitoneal gegeben, und zwar an 6 aufeinander folgenden Tagen. Am 5. und 6. Tag wurde den Meerschweinchen noch zusätzlich je 5 oder 6 MsE thyreotropes Hormon gegeben, und die Tiere wurden am 7. Tag durch Nackenschlag getötet. Die Autoren stellten fest, daß die Schilddrüsen nicht aktiviert waren, und führen jenen Umstand auf „antithyreotrope Hormone bzw. Schutzstoffe“ zurück, die sich im Serum der vorbehandelten Tiere gebildet haben sollen. EITEL und LOESER geben außerdem an, daß bereits das normale menschliche und tierische Blut gegen thyreotropes Hormon eine geringe hemmende Wirkung besitze, die im Blut von schilddrüsenlosen Tieren fehle und die nach EITEL beim Carcinomkranken besonders stark vorhanden sein soll. Bei den geringen Testmengen des thyreotropen Hormons, wie sie oben angegeben sind, erscheint uns zunächst die Notwendigkeit einer *Jodbestimmung* solcher „Anti-Seren" geboten. L. RATHKE (1938) kommt zu dem Schluß, daß eine antithyreotrope Schutzsubstanz im Serum von gesunden Menschen und Tieren *nicht* nachgewiesen werden kann. Es ist auch nicht gelungen, den *Bildungsort* eines solchen „Anti-Hormons" aufzufinden; vielmehr wurde lediglich nachgewiesen, daß es in Hypophyse, Schilddrüse, Nebenniere, Thymus und Ovarien *nicht* gebildet wird.

S. C. WERNER (1936) sowie FRIEDGOOD (1935) machten die wesentliche Beobachtung, daß das *„Refraktärstadium" der Schilddrüse jederzeit durch Artwechsel* des aus der Hypophyse gewonnenen thyreotropen Hormons *durchbrochen* werden kann. Wenn also mittels thyreotropen Hormons von einer Tierart, z. B. von Rindern, ein Refraktärstadium der Schilddrüse (nach anfänglicher Aktivierung) beim Kaninchen oder Meerschweinchen erzeugt wurde, so kann das Refraktärstadium jederzeit durch thyreotropes Hormon einer *anderen Tierart,* z. B. von Pferden, *durchbrochen werden.* Schließlich fand OKKELS (1937), daß im Schilddrüsenexplantat ein *Refraktärstadium überhaupt nicht zustande kommt.* Auch ein Zusatz von Serum schilddrüsenrefraktärer Tiere, die also lange Zeit mit thyreotropem Hormon vorbehandelt waren, konnte eine Aktivierung von seiten des thyreotropen Hormons *nicht verhindern,* obwohl mit diesem Serumzusatz gleichzeitig „Anti-Hormone" im Sinne von COLLIP und ANDERSON bzw. „antithyreotrope Schutzstoffe" im Sinne von EITEL und LOESER zugeführt wurden. Endlich ist es nicht gelungen, das „Anti-Hormon" als Substanz chemisch aufzufinden bzw. darzustellen. Das hat unseres Erachtens seinen Grund darin, daß es im Blut tatsächlich kein „Anti-Hormon" und auch keine spezifisch wirksame „antithyreotrope Schutzsubstanz" im Sinne der genannten Autoren gibt; es sei denn, man wolle etwa das Thyroxin so nennen, dessen diesbezüglicher Wirkungsmechanismus aber ein ganz anderer ist. Wenn es im Blute ein „Anti-Hormon" gäbe, dann müßte es möglich sein, durch Neutralisation der Wirkung des thyreotropen Hormons in vitro infolge des „Anti-Hormons" vom vorbehandelten Tiere bei späterem Zusatz des Serums zum Schilddrüsenexplantat eine *fehlende* Wirkung festzustellen: gerade das ist aber, wie OKKELS zeigte, *nicht der Fall!*

Nach COLLIP und ANDERSON, EITEL und LOESER soll durch wochenlanges Vorbehandeln von Tieren mit thyreotropem Hormon schließlich eine *Anreicherung* von „antithyreotroper Schutzsubstanz" im Blute dieser Tiere stattfinden. Verwunderlich bleibt, daß die Autoren schließlich beim „biologischen Testversuch" so *geringe Dosen* thyreotropen Hormons verwenden, die durch die „angereicherte" Schutzsubstanz paralysiert werden sollen. Demgegenüber können wir zeigen, daß es gelingt, auch *hohe Dosen thyreotropen Hormons unwirksam* zu machen, und zwar ohne wochenlanges Vorbehandeln von Tieren mit thyreotropem Hormon.

Ich konnte in den letzten 2 Jahren zusammen mit EICKHOFF bei Kaninchen und Meerschweinchen, die dem akuten Serumhyperergieversuch unterzogen wurden, an der Schilddrüse Beobachtungen machen, über die wir in anderer Hinsicht schon berichteten, die es aber begründet erscheinen lassen, das sog. *Refraktärwerden der Schilddrüse auf einen ganz andern Wirkungsmechanismus zurückzuführen, als die Erklärung vom „Anti-Hormon" oder „antithyreotropen Schutzstoff" es fordert.*

Die Sensibilisierung unserer Tiere gestaltete sich derart, daß wir z. B. Kaninchen 2,0 ccm steriles, inaktiviertes Schweineserum, das in der üblichen Weise aufbewahrt wurde, in Abständen von 5 Tagen subcutan in einen Hinterlauf einspritzten. Kontrollproben mit intravenöser Erfolgsdosis zeigten, daß die Tiere durchweg nach 4—5 derartigen Injektionen hochsensibel waren. Es wurde jedesmal eine Versuchsreihe mit sensibilisierten Versuchstieren und entsprechenden, nichtsensibilisierten Kontrollen sowie mit operierten und nichtoperierten Kontrollen durchgeführt.

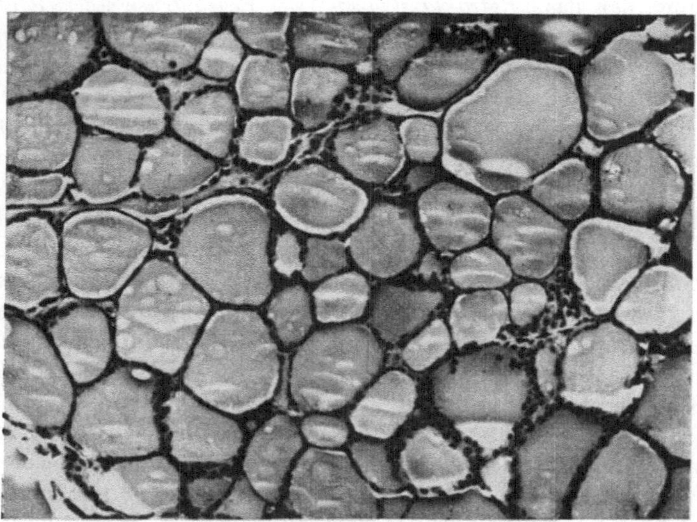

Abb. 56. Ruheschilddrüse eines normalen, nicht vorbehandelten Kaninchens (Kontrolle). Übersicht. Hä.-Eos.-Präparat.

Es ergab sich die uns bemerkenswert erscheinende Feststellung, daß die hohe *Sensibilisierung der Tiere mit artfremdem Eiweiß*, die zu einer allgemeinen Reaktionsänderung des Organismus im Sinne einer allergisch-hyperergischen Umstellung führt, mit einer deutlichen *Aktivierung* der Schilddrüse im Sinne einer Mehrleistung verbunden ist; wie weitere Untersuchungen von W. und H. Eickhoff inzwischen ergeben, kommt es dabei zu einer erheblichen Grundumsatzsteigerung.

Während die Abb. 56 die ausgesprochene *Ruhe*schilddrüse eines nicht vorbehandelten Kontrolltieres zeigt, sieht man in Abb. 57 bei gleicher Vergrößerung die *deutlich aktivierte Schilddrüse* eines in der oben angegebenen Weise hochsensibilisierten Kaninchens im akuten Hyperergieversuch. *Die allgemeine Reaktionsänderung des Organismus im Sinne der hyperergischen Umstellung bleibt auch dann noch bestehen, wenn die Schilddrüse bereits wieder zur Ruhe gekommen ist* und das gewohnte Bild der Abb. 56 wiedererlangt hat, wie schon[1] bei der Schilderung des anaphylaktischen Shocks hyper- und athyreotischer Kaninchen und der dabei beobachteten Organveränderungen von uns dargelegt ist, die besonders ausgeprägt an Leber und Myokard, aber auch an der Nebennierenrinde vorhanden waren. Es erscheint annehmbar, daß gerade in diesen letztgenannten Beobachtungen eine aufschlußreiche Parallele erblickt werden darf zu manchen

---

[1] Eickhoff, W. u. P. Sunder-Plassmann: Frankf. Z. Path. 1938.

paradoxen Reaktionen des basedowkranken Menschen vor und nach dem chirurgischen Eingriff, wenn durch die Jodgaben nach PLUMMERs Weisung bereits wieder eine Kolloidanstauung der Schilddrüse erreicht wurde. Die schwere *postoperative Basedowreaktion,* die auch nach ganz kleinen Eingriffen fern von der Schilddrüse auftreten und in wenigen Stunden zum Tode führen kann, würde unter diesem Gesichtswinkel betrachtet als eine *Abart des anaphylaktischen Shocks* erscheinen, hervorgerufen durch eine Überempfindlichkeitsreaktion des nur in „Pseudoharmonie" (SAUERBRUCH) befindlichen Basedowkranken gegenüber

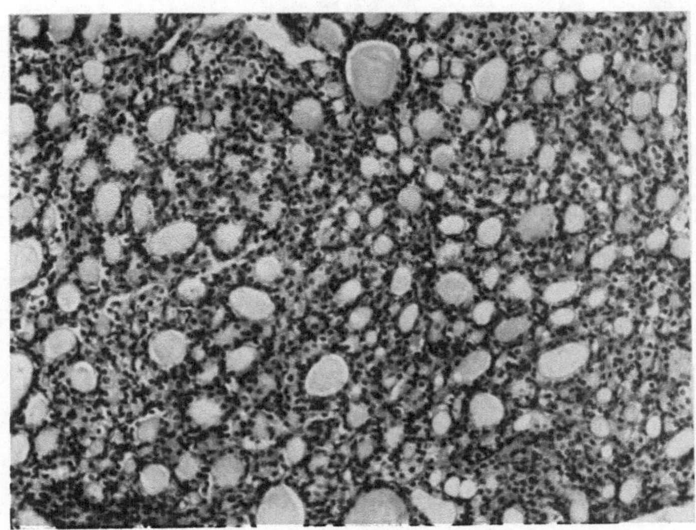

Abb. 57. Deutlich aktivierte Schilddrüse eines mit Schweineserum sensibilisierten Kaninchens. Mikrophoto Hä.-Eos.-Präparat. Gleiche Vergrößerung wie Abb. 56.

dem Zerfall und der Resorption seiner arteigenen Eiweißkörper im Wundgebiet und gefolgt von all den stürmischen Begleiterscheinungen von seiten des zentralen und peripheren vegetativen Nervensystems, die das klinische Bild eines *sterbenden Basedowkranken so dramatisch* gestalten, und somit zu einer Katastrophe führen können, die auch heute noch jeden operativen Eingriff beim Basedowkranken nur nach besonderer, kunstgerechter Vorbereitung auszuführen gebietet; dabei stehen seelische Beruhigung, Verabreichung von Hirnstammsedativa (Barbitursäure, Derivate) und quantitativ nicht zu gering bemessene, kurzfristige *Jod*-Darreichung (peroral) im Vordergrund. — Wir verweisen in diesem Zusammenhang auch auf die Feststellung BREITNERs (1938), der — wie schon SAUERBRUCH (1931) — das Wesentliche der „Basedowkonstitution" betont und nachdrücklich mit Recht hervorhebt, daß das *feingewebliche Bild der Schilddrüse allein die Diagnose nicht bestimmen kann.*

Bei diesen Vorgängen spielen bedeutsame Einflüsse von seiten des vegetativen Nervensystems eine wesentliche Rolle; es handelt sich um eine Beteiligung des sympathischen wie des parasympathischen Anteiles desselben, wovon uns der letztere zunächst interessiert. Es fand sich, daß bei den sensibilisierten Tieren, denen der *Vagus* cervical einseitig reseziert wurde, alsbald nicht nur eine deutliche *Ruheschilddrüse,* sondern sogar eine ausgesprochene *Stapelschilddrüse nach Art einer Struma* vorlag (Abb. 58) zu einer Zeit, wo die gleichlaufenden sensibilisierten Kontrollen noch vollständig aktivierte Schilddrüsen aufweisen, wie in Abb. 57 dargestellt ist. Man könnte vielleicht einwenden, daß es der Einfluß der Urethannarkose gewesen sei, in der die Vagusresektion vorgenommen wurde. Das ist aber sicher *nicht* der Fall. Denn die Narkose hat nur kurze Zeit gedauert, die Vagusresektion fand stets in einigen Augenblicken statt. Andere Operationstraumen in gleicher Urethannarkose, ohne Eingriff am vegetativen Nervensystem, hatten nie eine Ruhigstellung der Schilddrüse zur Folge. So

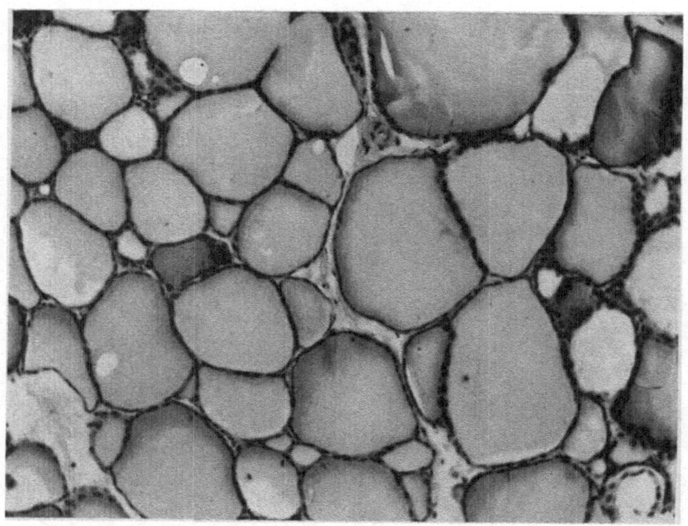

Abb. 58. Strumaähnliche Stapelschilddrüse eines sensibilisierten und danach vagotomierten Kaninchens. Gleichlaufende Kontrollen sensibilisierter Tiere ohne Vagotomie ergaben analoge Schilddrüsenbilder wie das der Abb. 57. Hä.-Eos.-Präparat. Mikrophoto. Gleiche Vergrößerung wie das der Abb. 57.

wurde z. B. in gleicher Urethannarkose der rechtsseitige Vagus freigelegt und überdies statt des Vagus ein Ast des Plexus brachialis reseziert: die Schilddrüse blieb hochaktiv, das Tier bekam nach Bruchteilen der üblichen intravenösen Erfolgsdosis einen schwersten, tödlichen Shock, wohingegen die vagotomierten Tiere die 10—20fache intravenöse Erfolgsdosis ohne Shock vertrugen und eine strumaähnliche Stapelschilddrüse zeigten.

Weiterhin fand sich, daß die Aktivierung der Schilddrüse bei den sensibilisierten Tieren deutlich vorhanden war, wenn — ohne eine Erfolgsdosis zu geben — nur thyreotropes Hormon verabreicht wurde. Abb. 59 zeigt eine solche hochaktive Schilddrüse eines mit Schweineserum sensibilisierten Kaninchens, das nach der 5. Seruminjektion noch an 3 aufeinander folgenden Tagen je 30 MsE thyreotropen Hormons intraperitoneal erhielt. Danach können wir nicht bestätigen, daß das normale tierische Blutserum bereits in geringen Mengen „antithyreotrope Schutzstoffe" enthält. Zwar haben EITEL und LOESER, die von einem in geringen Mengen im normalen Blutserum vorhandenen „antithyreotropen Schutzstoff" sprechen, an 6 aufeinander folgenden Tagen das Normalserum dem Versuchstier *intraperitoneal* gegeben; hieraus könnte man ableiten, daß nur bei dieser Art der Verwendung der „Schutzstoff" wirksam sei. Jedoch ist eine solche Einwendung sehr anfechtbar. Es kommt vielmehr bei jener Art der Serumverabreichung im Organismus zu *desensibilisierenden Vorgängen,* die sich am Schilddrüsenbild ausprägen können und keinesfalls die Annahme eines spezifischen antithyreotropen Schutzstoffes ohne weiteres rechtfertigen. Bekanntlich tritt nach Vorbehandlung mit großen Mengen artfremden Serums der anaphylaktische Erfolg — d. h. der Shock — nicht proportional den angewandten Serummengen auf. Durch Verwendung von massiven Dosen läßt sich die anaphylaktische Reaktivität nicht nur nicht steigern, sondern sogar so weit herabsetzen, daß es nur schwer oder gar nicht gelingt, durch intravenöse Reinjektionen

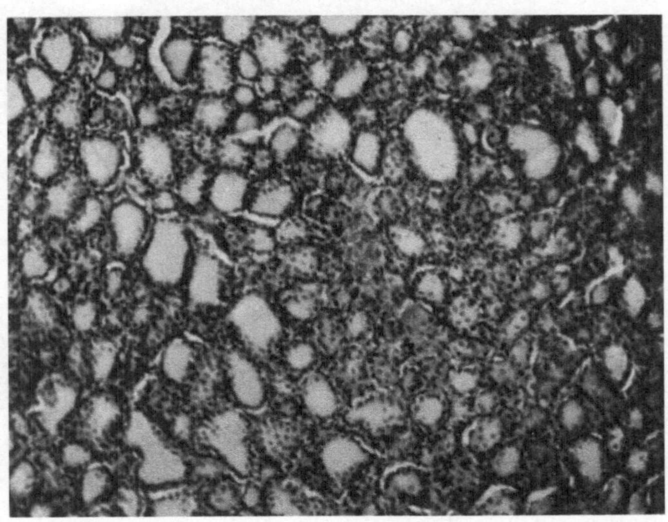

Abb. 59. Hochaktive Schilddrüse eines Kaninchens, das nach der Sensibilisierung an 3 aufeinander folgenden Tagen je 30 MsE thyreotropes Hormon intraperitoneal erhielt und am 4. Tag getötet wurde. Hä.-Eos.-Präparat. Gleiche Vergrößerung wie Abb. 58.

überhaupt einen Shock auszulösen. Die nächstliegende Vermutung, daß dies an einer Lähmung des antikörperproduzierenden Apparates liegen könne, erweist sich als nicht stichhaltig, da serologische Kontrollen wie gewöhnlich einen Antikörpergehalt im Blute ergeben. Der Grund für die mangelhafte Reaktivität mußte also ein anderer sein. Er wurde von dem einen von uns (W. EICKHOFF) in der Schilddrüse gesucht. Bei 2 Versuchsreihen von je 4 Kaninchen spritzte EICKHOFF einmal je 20 ccm Schweineserum in 4tägigen Abständen, dann in 2tägigen Abständen subcutan. Bei allen Tieren war nach Beendigung der Vorbehandlung (5 bzw. 9mal je 20 ccm) der *Antikörpertiter normal.* Bei der intravenösen Reinjektion bekam nur 1 Tier einen Shock; das Tier zeigte mikroskopisch eine sehr stark aktivierte Schilddrüse. *Alle anderen Tiere besaßen keine aktivierte Drüse,* sondern eine *kolloidreiche Ruheschilddrüse.* Der Shock war bei allen — mit Ausnahme des eben erwähnten einen Tieres — *nicht* auszulösen, obschon Mengen bis zu 15 ccm in die Blutbahn reinjiziert wurden. *Das Ausbleiben* des anaphylaktischen Shocks geht also mit einem histo-morphologisch erfaßbaren *Refraktärwerden* der Schilddrüse parallel. Diese Tatsache kann auf zweierlei Weise erklärt werden: *funktionelle* Sperre der Nervenbahnen gegenüber übermäßigen Reizen oder *anatomische* Schädigung des Nervensystems mit Verlust der Leitfähigkeit. Darauf ist noch zurückzukommen.

Besonders beachtenswert bleibt, daß man ausgesprochene Ruheschilddrüsen erhält, wenn man nach intraperitonealer Verabreichung auch hoher Gaben des thyreotropen Hormons beim sensibilisierten Tier den anaphylaktischen Shock durch intravenöse Reinjektion des zur Sensibilisierung verwandten Serums auslöst. Solche Tiere sind außerordentlich sensibel gegenüber der Serumerfolgsdosis. Gleichlaufende Kontrollen ohne Shockdosis ergeben hochaktive Drüsen. Darüber wurde von uns schon andernorts ausführlich berichtet.

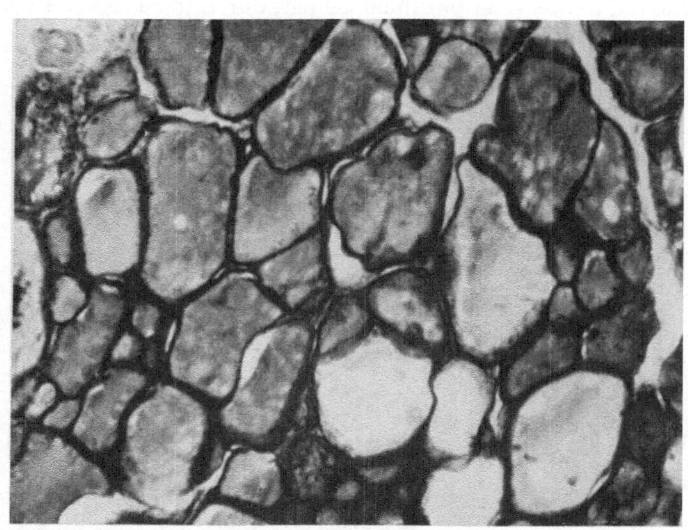

Abb. 60. Ruheschilddrüse mit in den Präparaten *leuchtendrotem* Kolloid eines sensibilisierten Kaninchen aus der gleichen Versuchsreihe mit dem der Abb. 59. Das Kaninchen hat an 3 aufeinanderfolgenden Tagen ebenfalls je 30 MsE thyreotropen Hormons intraperitoneal erhalten, nachdem 3 Tage vor Beginn der Hormongaben die rechtseitige cervicale Vagusresektion durchgeführt war. Hä.-Eos.-Präparat. Mikrophoto. Gleiche Vergrößerung wie Abb. 59.

Nunmehr soll zu dem Wirkungsmechanismus, der sich bei den angeführten Reaktionen im Organismus abspielt, näher Stellung genommen werden. Vieles weist darauf hin, daß bei der Sensibilisierung der Tiere mit artfremdem Serum ein *Erregungszustand des parasympathischen Systems* eintritt. Die Erscheinungen bei Auslösung des anaphylaktischen Shocks hingegen deuten mehr auf eine Parasympathicus*lähmung* und einen Sympathicus*reizzustand* hin: das hat uns veranlaßt, unter anderem bei sensibilisierten Tieren den *Vagus* cervical zu resezieren und danach das Schilddrüsenbild bei Anwendung des thyreotropen Hormons am sensibilisierten Tier zu untersuchen. Es zeigte sich unverkennbar, daß schon durch die *einseitige cervicale Vagusresektion beim sensibilisierten Tier die Wirkung auch hoher Gaben des thyreotropen Hormons an der Schilddrüse unterdrückt werden kann.* Das Tier der Abb. 60 hat genau wie dasjenige der Abb. 59 aus der gleichen Versuchsreihe an 3 aufeinander folgenden Versuchstagen je 30 MsE thyreotropen Hormons intraperitoneal erhalten: vergleicht man die beiden Schilddrüsenbilder, so zeigt Abb. 59 das Bild einer deutlich hochaktiven Schilddrüse, während in Abb. 60 eine unverkennbare *Ruhe-* ja *Stapelschilddrüse* mit einem in den Präparaten intensiv leuchtendroten Kolloid vorliegt. Bei diesem letzten Tier war 3 Tage vor Beginn der Einspritzungen des thyreotropen Hormons *lediglich der rechte Vagus cervical reseziert worden.*

Die Beobachtungen zeigen, daß zweifellos bei der Aktivierung und der Ruhigstellung der Schilddrüse außer hormonalen auch *nervöse* Einflüsse eine *maßgebliche Rolle* spielen. Es handelt sich offenbar um ein „*neuro-hormonales System*".

Das wird auch durch die ungemein reichliche und innige Verbindungsweise des Nervensystems mit den einzelnen Schilddrüsenzellen wahrscheinlich und besonders anschaulich gemacht, wie es oben dargelegt wurde. Das nervöse Terminalreticulum der Schilddrüsenzellen verhält sich hier gerade so, wie es z. B. Stöhr jr. an den Organzellen des Magen-Darmes und besonders auch an den Gefäßen zahlreicher Organsysteme dargestellt hat, nachdem er schon vor Jahren den Standpunkt vom peripheren Syncytium des vegetativen Nervensystems gegenüber irrigen Auffassungen der alten Neuronenlehre vertreten hatte.

Eine Trennung nach der „rein cellulär-hormonalen" (= rein „glandulär" gesehenen) oder der „rein neuralen" Betrachtungsweise erscheint bei der Schilddrüse *nicht mehr zulässig:* es handelt sich bei diesem Wirkungsmechanismus vielmehr um ein untrennbares Ineinandergreifen nervöser, hormonaler und humoraler Faktoren, die allesamt zu einer funktionellen Einheit verkoppelt sind.

Dabei ist die jeweilige *Reaktionslage des Gesamtorganismus* besonders zu berücksichtigen. Unter diesem Gesichtswinkel erscheint die These vom „Anti-Hormon" oder spezifisch wirksamen „antithyreotropen Schutzstoff des Blutes" *keineswegs bewiesen.* Die Beobachtungen vom Refraktärwerden der Schilddrüse lassen sich ebenso gut auf eine unspezifische Eiweißreaktion des Organismus zurückführen. Denn die Meerschweinchen bekommen ständig den Extrakt der *Rinder*hypophyse injiziert und erhalten damit eine artfremde Proteinkomponente. Statt einen „antithyreotropen Schutzstoff" oder gar ein „Anti-Hormon" anzunehmen, scheint uns die Annahme einer „*Antigen-Antikörperreaktion auf der Basis immunbiologischer Vorgänge*" näherliegend. Wenn Loeser die „Antisubstanz" anreichern konnte und feststellt, daß die Wirkung an das eiweiß- und jodarme Produkt gebunden sei, so muß einerseits die besondere Betonung auf den Terminus eiweiß- und jod,,*arm*" gelegt werden, andererseits die geringe Testdosis, die Loeser anwendet, verwundern. Beachtenswert ist eine Angabe Loesers insofern, als er anführt, die „antithyreotrope Schutzsubstanz" des normalen Blutes scheine stark zu schwanken, bei der gleichen Tierart nicht immer gleich groß zu sein und bei den verschiedenen Tierarten gradmäßig große Unterschiede aufzuweisen. Am eingehendsten sei bisher das Hammelblut untersucht: 12 ccm Serum eines Hammels, der mehrere Wochen mit thyreotropem Hormon behandelt wurde, unterdrückten beim Meerschweinchen die Wirkung von 40 bis 60 Einheiten des thyreotropen Hormons. Dagegen könnten 12 ccm Serum eines normalen Hammels nur die Wirkung von 10 Einheiten des genannten Wirkstoffes verhindern (Eitel und Loeser). Demnach müßte in der Tat ein stärker hemmender Wirkungsgrad des erstgenannten Serums bei dieser Dosierung angenommen werden, aber — *keineswegs erscheint deswegen diese Annahme im Sinne eines „Anti-Hormons" geboten!* —, sondern vielmehr in dem Sinne, daß das Serum der mit thyreotropem Hormon wochenlang vorbehandelten Tiere einen stärker *toxischen Grad und damit einen stärkeren Einfluß auf die allgemeine Reaktionsänderung* des Organismus besitzt. Es könnte das sehr wohl mit den regressiven Veränderungen in der Schilddrüse zusammenhängen, bei der es im Refraktärstadium zu Kernzerfall und Resorption proteider Elemente kommt, hierbei spielen die *nh-Zellen* wiederum die Hauptrolle (s. unten). Die Autoren geben selbst an, daß das Auftreten des Antihormons an die Gegenwart der Schilddrüse gebunden sei oder die Zufuhr von Thyroxin, das aber schon für sich allein eine hemmende Wirkung entfaltet. Und wenn EITEL die „Anti-Substanz" besonders im Blut von Carcinomkranken fand, so wäre dies ebenso im Sinne unserer obigen Auffassung als eine stärkere *toxische* Wirkung des Carcinomblutes (vielleicht infolge Eiweißzerfalls aus dem Tumorgebiet) zu erklären. Es laufen Nachprüfungen unter diesem Gesichtswinkel durch uns: es müßten dann zerfallende Carcinome stärker hemmendes Serum ergeben, ganz abgesehen davon, daß der Jodgehalt solcher Krankenseren interessierte.

Nach alledem sind wir daher auch geneigt, den eigentlichen Grund für die bei der klinischen Behandlung des *Morbus Basedow* zweifellos in bestimmten Fällen zu erzielende günstige Beeinflussung durch *Tierblutinjektionen* (A. BIER und seine Schule), durch *Menschenblutmikrotransfusionen* (ISELIN) und Bluttransfusionen nach dem chirurgischen Eingriff in der Phase oder noch besser zu Beginn der sog. „postoperativen Reaktion", die bekanntlich immer noch in einem bestimmten Prozentsatz innerhalb der ersten beiden Tage zum Tode führt, nicht in einer Zufuhr von „Anti-Hormon" zu erblicken, sondern vielmehr in einer *allgemeinen Reaktionsänderung des Organismus auf der Basis immunbiologischer Vorgänge, wobei das vegetative Nervensystem sowohl zentral als auch peripher in besonderer Weise beteiligt ist.*

VII. Das neuro-hormonale Schilddrüsensystem.

In den mit thyreotropem Hypophysenvorderlappenhormon aktivierten Schilddrüsen einer großen Anzahl verschiedener Tiere ist mir aufgefallen, daß mit der Schilddrüsenaktivierung nicht nur eine Vermehrung der SCHWANNschen Kerne des nervösen Präterminalplexus auftrat, sondern es war auch eine ganz unverkennbare *Größenzunahme* derselben festzustellen. Letzteres fällt ohne weiteres in die Augen, und ich habe 1938 bereits eine Reihe diesbezüglicher Abbildungen veröffentlicht. Diese Reaktion der SCHWANNschen Kerne wird dadurch sehr anschaulich, wenn man ihr Größenverhältnis zu den jeweils vorhandenen Follikelzellen ins Auge faßt. Eine derartige Betrachtungsweise hat mich zusammen mit anderen Beobachtungen, von denen im Abschnitt „Nervensystem und Schilddrüse" die Rede war, veranlaßt, im thyreotropen Hormon den körpereigenen, adäquaten Reiz für das vegetative Nervengewebe der Schilddrüse zu erblicken und in dem funktionellen, jeweiligen Zustand vor allem des terminalen SCHWANNschen Plasmodiums einmal und zum andern in der jeweiligen Verbindungsweise des nervösen Terminalreticulums mit den einzelnen Schilddrüsenzellen wesentliche Faktoren zu sehen, deren sich der Organismus bei den verschiedenen Reaktionen innerhalb der Schilddrüse bedient.

Während bei gleichbleibenden, ständigen Gaben des thyreotropen Hormons ein Refraktärstadium der Schilddrüse eintritt und diese ihr Ruhebild trotz des stimulierenden Wirkstoffes wiederbekommt, wurde festgestellt, daß bei progressiver Steigerung der Dosen des thyreotropen Hormons (LOESER u. a.) sowie bei gleichzeitiger Verabfolgung von thyreotropem Hormon + Vitamin B_1 (Betaxin) das sonst zu beobachtende Refraktärstadium der Schilddrüse nicht vorkommt; vielmehr bleibt die Drüse auf den Wirkstoff ansprechbar, und es kann schließlich zum Spontantod des Versuchstieres kommen (SCHNEIDER).

Wie ich früher von der Kaninchenschilddrüse berichtete — daß nämlich bei *gleichzeitiger* intraperitonealer Verabfolgung von thyreotropem Hormon und sterilem, inaktiviertem Schweineserum (artfremdem Eiweiß) es zu toxischen Veränderungen im vegetativen Nervensystem, und zwar schon frühzeitig besonders am intraglandulären Schilddrüsennervenapparat sowie den Neuroreceptorenfeldern des Sinus caroticus kommt —, so konnte ich jetzt auch bei Meerschweinchen, deren Schilddrüsen unter progredienten Gaben von thyreotropem Hormon oder gleichen Gaben dieses Wirkstoffes + Vitamin B_1 standen, nicht minder *interessierende Beobachtungen am Schilddrüsen-Nervenapparat* machen.

Im Vordergrund steht dabei wiederum zunächst der intraglanduläre *nervöse Präterminalplexus* mit seinen mehrfach erwähnten SCHWANNschen *Kernen*. Es ist gleichzeitig immer wieder zu betonen, daß das mit dem SCHWANNschen Plasmodium in untrennbarem Zusammenhang stehende *nervöse Terminalreticulum* sowie eine Regulationsmöglichkeit des letzteren in der oben diskutierten Weise keineswegs außer acht zu lassen ist; gerade hierauf weist STÖHR jr. (1937) bei seinen neurohistologischen Studien am Magen-Darmkanal mit Recht besonders hin.

An der Schilddrüse fand ich, daß — solange die Schilddrüse zum Refraktärstadium fähig bleibt — der neuro-vegetative Präterminalplexus und das nervöse Terminalreticulum *tadellos erhalten sind*. Wird dagegen durch progrediente Gaben von thyreotropem Hormon das sog. Refraktärstadium der Schilddrüse durchbrochen, so kommt es zu unverkennbaren, nervösen Reaktionen besonders am nervösen Präterminalplexus der Schilddrüse. Jedenfalls fällt das Verhalten des SCHWANNschen Plasmodiums und der in ihm liegenden terminalen Neurofibrillen auf. Da ich im thyreotropen Hormon den körpereigenen, adäquaten Reiz für das neuro-vegetative Terminalgewebe der Schilddrüse erblicke, andererseits wir aber wissen, daß das vegetative Nervensystem gerade gegen *Summierung der es treffenden Reize* — das gilt z. B. auch für den elektrischen Reiz, wo derjenige mit LUDWIGschen Elektroden und reinen, sinusförmigen Wechselströmen aus einem Schwingungskreis nach H. REIN am besten geeignet ist — *besonders empfindlich ist,* so wird es kaum mehr befremden können, wenn wir die genannten Reaktionen im SCHWANNschen Plasmodium des neurovegetativen Präterminalplexus innerhalb der mit dauernd gesteigerten Gaben thyreotropen Hormons aktivierten Schilddrüsen feststellen. Außerdem sind in den Fällen, wo das Refraktärstadium durchbrochen und die Schilddrüsenaktivierung bis zum Tode des Versuchstieres getrieben wurde, immer so hohe Hormondosen in ständig steigenden Gaben schließlich zur Anwendung gekommen, daß uns eine toxische Organschädigung, z. B. auch in Leber und Niere, eigentlich nicht weiter wundern kann. So hat LOESER z. B. erst fettige Degeneration und Nekrosen in Leber und Niere erzielt, nachdem er einem Meerschweinchen innerhalb vom 5. bis 18. Tage der Behandlung 1700 Einheiten des thyreotropen Hormons in ständig steigenden Tagesdosen einverleibt hatte; dabei betrug die Anfangsdosis 20, die Enddosis nicht weniger als 400 Einheiten am Tag. „Bei dieser Art der Darreichung läßt sich — zum Unterschied von Versuchen, in denen den Tieren gleichbleibende Hormonmengen zugeführt wurden — die Hyperthyreose bis zu ihrem Endzustand, d. h. zum tödlichen Ausgang vortreiben" (LOESER).

Aber ich kann zeigen, daß kaum bei der Hälfte solcher Hormonmengen, in steigenden Dosen gegeben, es zu *schwersten toxischen Schäden* des vegetativen

Nervengewebes in der Schilddrüse kommt, die wiederum zunächst am vegetativen *Präterminalplexus* dieser Schilddrüsen in Erscheinung treten. Das zeigt

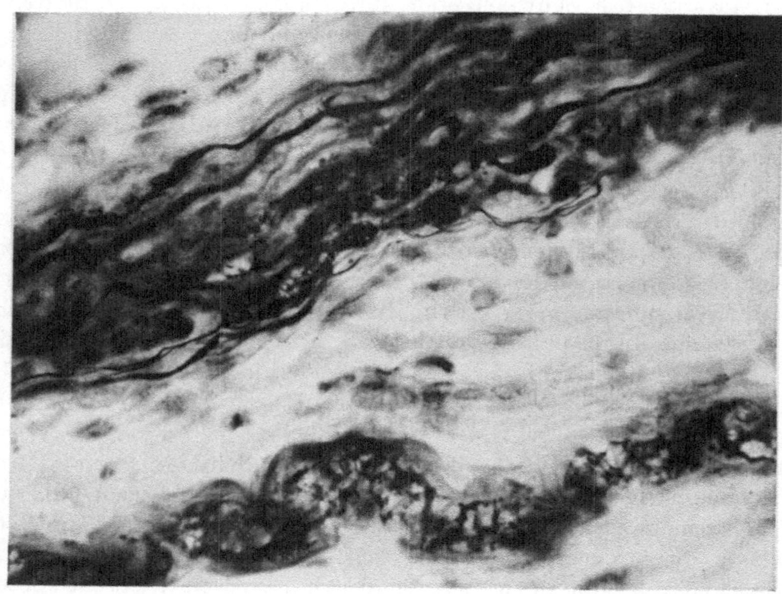

Abb. 61. Schilddrüse eines Meerschweinchens, deren Refraktärstadium durch progrediente Gaben von thyreotropem Hormon durchbrochen ist. Man erkennt schwere toxische Schäden am nervösen Terminalgewebe (Präterminalplexus) der Schilddrüse. Mikrophoto. BIELSCHOWSKY-GROS-Methode. Obj. D, Ok. 8.

z. B. ein Blick auf das Mikrophotogramm der Abb. 61 besser und eindringlicher als viele Worte. Dieses Meerschweinchen (M 95) hatte erst folgende Gaben

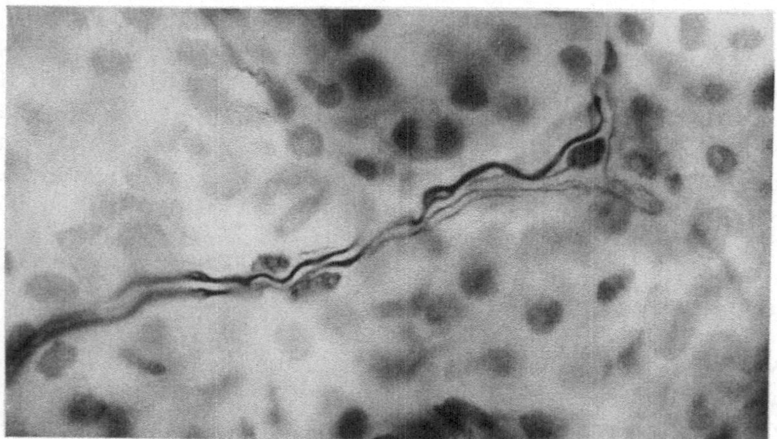

Abb. 62. Schilddrüse eines Meerschweinchens, im Beginn der Behandlung mit progredienten Gaben von thyreotropem Hormon. Nervöses Terminalgewebe zeigt noch keine toxischen Schäden. Mikrophoto. BIELSCHOWSKY-GROS-Methode. Obj. D, Ok. 8.

thyreotropen Hormons intraperitoneal erhalten: am 27. 6. 38: 10 MsE; am 28. 6.: 10 MsE; am 29. 6.: 10 MsE; am 30. 6.: 20 MsE; am 1. 7.: 20 MsE, am 2. 7.: 20 MsE; am 4. 7.: 40 MsE; am 5. 7.: 40 MsE; am 6. 7.: 40 MsE; am 7. 7.:

80 MsE; am 8. 7.: 80 MsE; am 9. 7.: 80 MsE; am 10. 7.: 160 MsE; am 11. 7.:
160 MsE; d. h. insgesamt also 770 MsE.

Man darf sich diesen Prozeß nicht derart vorstellen, als ob plötzlich infolge
der toxischen Schäden die Schilddrüse ihres Nervenapparates *beraubt* würde;
das ist *sicher nicht der Fall*.   Es scheint vielmehr so zu sein, daß, je mehr
das durchbrochene Refraktärstadium unter den progredient gesteigerten Dosen
des thyreotropen Hormons sich ausbildet, gleichzeitig mehr und mehr allenthalben die toxischen Schäden am nervösen Terminalgewebe der Schilddrüse in

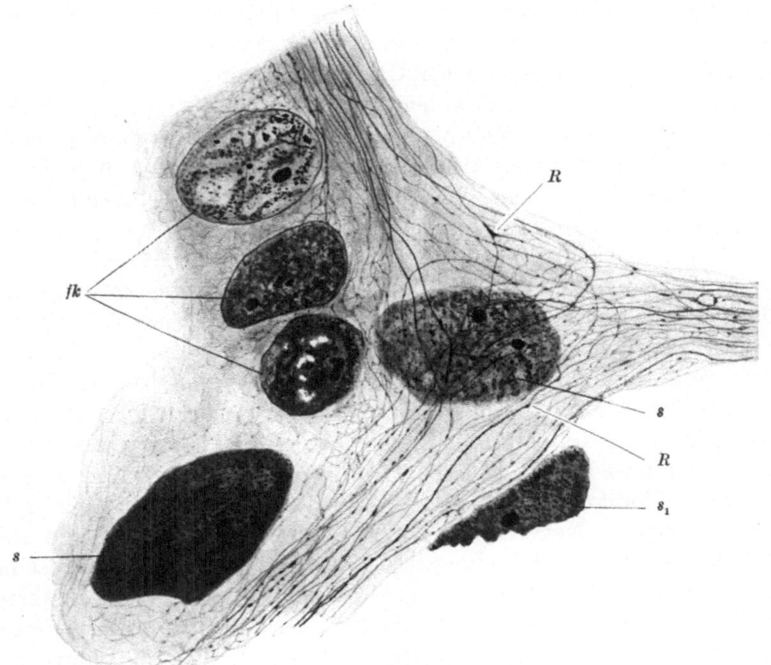

Abb. 63. Schilddrüse eines Meerschweinchens (M 82), das 20mal je 50 MsE thyreotropen Hormons + je 40 γ
Vitamin B₁ intraperitoneal erhielt. Normal aussehendes nervöses Terminalreticulum mit sehr großen SCHWANN-
schen Kernen (*s*). *s₁* angeschnittener SCHWANNscher Kern; *R* REMAKsche Knotenpunkte; *fk* Kerne der
aktivierten Schilddrüsenfollikelzellen. BIELSCHOWSKY-GROS-Methode. Vergr. 2200.

Erscheinung treten. So sieht man z. B. im Mikrophotogramm (Abb. 62) des
Präparates der Schilddrüse von Meerschweinchen M 233 den nervösen Präterminalplexus und seine feinsten Neurofibrillenzüge, mit denen er ins Terminalreticulum kontinuierlich übergeht, noch äußerlich *vollkommen intakt*. Das
behandelte Tier hat — im Gegensatz zu Meerschweinchen M 95 (s. oben) — an
aufeinanderfolgenden Tagen erst folgende progrediente Gaben thyreotropen
Hormons intraperitoneal erhalten: 10, 20, 40, 80, 100, d. h. insgesamt also
250 MsE, während M 95 in den oben angegebenen Steigerungen insgesamt
bereits 770 Einheiten erhalten hatte.

Außer durch progrediente Gaben von thyreotropem Hormon läßt sich nach
den Befunden von SCHNEIDER eine Durchbrechung des Schilddrüsenrefraktärstadiums auch dann erzielen, wenn man gleichzeitig mit gleichbleibenden Gaben
des thyreotropen Hormons noch Vitamin B₁ zuführt. Ich kann diese Angaben
SCHNEIDERs bestätigen, wenngleich ich in ihrer Deutung *anderer Meinung* bin.

Im Gegensatz zu denjenigen Schilddrüsen, deren Refraktärstadium durch progrediente Gaben von thyreotropem Hormon durchbrochen wurde, findet sich bei den Schilddrüsen der Tiere, die gleichbleibende Gaben des thyreotropen Hormons + Vitamin B_1 (Betaxin) erhielten, das intraglanduläre, terminale Nervengewebe tadellos *erhalten,* und man erkennt sehr schön seinen ungemein innigen Kontakt mit den Schilddrüsenzellen der Follikel (Abb. 63). Gleichzeitig fällt allerdings wiederum an den SCHWANNschen Kernen (interstitielle Zellen CAJALs ?) eine ungemeine Reichhaltigkeit und außerordentliche Größe auf (Abb. 63, *s*). Weiterhin tritt in solchen Schilddrüsen das Verhalten der neurohormonalen Zellen des Vagussystems besonders hervor, worauf noch ausführlicher eingegangen wird.

Ich habe die neurohistologischen Untersuchungen an Schilddrüsen von Tieren durchgeführt, die z. B. an 20 aufeinander folgenden Tagen je 50 MsE thyreotropes Hormon + je 40 γ Vitamin B_1 (Betaxin) intraperitoneal erhielten oder 20mal je 100 MsE thyreotropen Hormons + wiederum je 40 γ Vitamin B_1. E. SCHNEIDER ist der Ansicht, daß Vitamin B_1 in der angegebenen Dosierung „die Sicherungen des Organismus gegenüber einer Hyperthyreose *„schädigt“,* wobei er sowohl an einen sog. „glandotropen Effekt“ über die Hypophyse als auch an einen „antithyreotropen Wirkstoff“ denkt. Ich sehe als morphologisch faßbare Wirkung an den Schilddrüsen der in der oben angegebenen Weise behandelten Tiere aber vor allen Dingen zunächst einmal eine *Reaktion im* SCHWANN*schen Neuroplasmodium,* ein Verbleiben der neurohormonalen Zellen des Vagussystems mit ihren großen, bläschenförmigen Kernen inmitten der Follikelzellen (s. unten), eine Abflachung der kolloidproduzierenden, dunklen Thyreocyten mit deutlichem Kleinerwerden ihrer Kerne, so daß die neurohormonalen Zellen des Vagussystems fast allein das Follikelbild beherrschen, und sehe nicht zuletzt ein tadellos erhaltenes terminales Nervengewebe der Schilddrüse, an dem allerdings eine merkwürdige Neigung zur Bildung sog. „*Varikositäten“* feststellbar ist (s. weiter unten Abbildungen dazu), was man aber nicht als krankhaft bewerten darf. Wahrscheinlich liegt diesem auffallenden Verhalten der Nervenfasern und feinsten Neurofibrillen eine besondere funktionelle Beanspruchung zugrunde, was neuromorphologisch jedoch nicht zu entscheiden ist.

Nach alledem bin ich daher jedenfalls eher geneigt anzunehmen, daß bei den gleichbleibenden Hormongaben unter der Wirkung des gleichzeitig gegebenen, wichtigen neurotropen B_1-Faktors eine *Einwirkung auf den parasympathischen Anteil des vegetativen Nervensystems,* vornehmlich auf das Vagussystem stattfindet in dem Sinne, daß es gegenüber gleichbleibenden Reizen erneut — wie bei der ersten Anwendung — *ansprechbar bleibt,* so daß man nach meiner Ansicht, wenn dies ganze experimentelle Vorgehen nicht so unphysiologisch wäre, weniger von „einer Schädigung der Sicherungen des Organismus“ oder einem „glandotropen Effekt“ (worunter ich mir nichts Klares denken kann) als *vielmehr von einer künstlich herbeigeführten, extremen Energieaufladung der nervösen Substanz* sprechen könnte, die freilich leicht bei Änderung der Dosierung unter Umständen in eine toxische Schädigung umschlagen kann. Ich komme darauf zurück, wenn über das besondere Verhalten der *neurohormonalen Zellen des Vagussystems* zu berichten ist. Vergleiche in diesem Zusammenhang die „Onkocytenbildung“ der Abb. 37 und 38!

Schließlich war mir bei Untersuchungen über den nervösen Schilddrüsenmechanismus aufgefallen (1936), daß, wenn einem nicht vorbehandelten, normalen

Kaninchen oder Meerschweinchen thyreotropes Hormon intraperitoneal gegeben wird und *gleichzeitig* einige Kubikzentimeter artfremdes Eiweiß (z. B. steriles, inaktiviertes Schweineserum) ebenfalls intraperitoneal, und man in kurzen Tagesabständen — also alle 24—48 Stunden — das gleiche 1—2mal wiederholt, es zu einer bestimmten Aktivierung der Schilddrüse im Sinne einer sog. „Basedowifizierung" kommt. Dabei stellen sich sofort *am vegetativen Nervensystem schwerste Schäden ein, die wiederum besonders ausgeprägt am nervösen Präterminalplexus* mit den SCHWANNschen Kernen der Schilddrüse in Erscheinung treten (Abb. 64). Gleichzeitig zeigen sich Entzündungserscheinungen im GLISSONschen Gewebe der Leber, umfangreiche Leberzellnekrosen, Nekrosen der Nebennierenrinde und großzellige Granulome des Myokards mit eosinophilen Leukocyten. Es ist bei diesen Tieren offenbar das gesamte Regulationssystem des Organismus aufs schwerste erschüttert und zerstört, wobei von vornherein auch die Veränderungen am Nervenapparat der Schilddrüse beachtenswert sind. Die pathologischen Erscheinungen äußern sich — wie Abb. 64 zeigt — in tiefgreifenden Reaktionen am nervösen Präterminalplexus, wobei *grobkörnige Auflagerungen der feinen Nervenfasern und Verquellung der Achsenzylinder* im Vordergrund stehen; außerdem ist die *Pyknose* der SCHWANN*schen Kerne* zu beachten.

Ich sehe in diesen, sicher schwer krankhaften Veränderungen des vegetativen Nervengewebes einen in die vegetativ-nervöse Substanz lokalisierten toxischen Eiweißschaden, hervorgerufen durch das *gleichzeitig* mit dem Hormon gegebene artfremde Schweineserum. In solchen Fällen gelingt es dem Organismus nicht mehr, die Sekretausschwemmung aus der Schilddrüse zu drosseln. *Man sieht in den Drüsen die muskelfreien Gefäße vollgepfropft mit einer dem Kolloid ähnlich sich anfärbenden Masse;* gleichzeitig wirkt das in den Kreislauf geworfene Schilddrüseninkret seinerseits als verstärkender und lokalisierender Reiz für die genannten Organschäden durch das artfremde Eiweiß. Hierbei läßt die neurotrope Wirkungsweise des Schilddrüseninkretes schon frühzeitig den toxischen Schaden weitgehend am vegetativen Nervensystem auch außerhalb der Schilddrüse in Erscheinung treten.

Abb. 64. Schwere Veränderungen am nervösen Präterminalplexus der Schilddrüse eines Kaninchens, das *gleichzeitig* thyreotropes Hormon und artfremdes Serum intraperitoneal erhalten hat. Pyknose der SCHWANNschen Kerne. Methode BIELSCHOWSKY-GROS. Vergr. 1200.

Hinsichtlich der Schilddrüsendurchblutung fanden sich bei den letztgenannten Tieren besonders schwere Schäden an den *neuro-vegetativen Receptorenfeldern* des Sinus caroticus, der nach den physiologischen Versuchsergebnissen von H. REIN, K. LIEBERMEISTER und D. SCHNEIDER mit der Schilddrüse eine „funktionelle Einheit" darstellt, weil sich normalerweise durch den tonischen Entlastungsreflex für eine Minderdurchblutung des Gehirns gleichzeitig eine aktive Vasodilatation der Schilddrüse ergibt. Außerdem spielen die Sinusreflexe nach H. E. HERINGs, C. HEYMANs und H. REINs bekannten Untersuchungen eine große Rolle für die ständige *Herzschlagzügelung*. Es dürfte deswegen interessieren, daß sich gerade an diesen vegetativen *Neuroreceptorenfeldern* des Sinus caroticus bei den Tieren, die *gleichzeitig* thyreotropes Hormon und art-fremdes, inaktiviertes, steriles (Schweine-) Serum erhalten hatten, deutlich sichtbare Veränderungen in Form der oben bereits erwähnten *Achsenzylinder-verquellung* vorfanden, wie man es auch in Abb. 65 erkennen kann.

Es ist klar, daß so weitgehende Störungen wohl nicht nur für den Kreislauf im engeren Sinne von Bedeutung bleiben, sondern darüber hinaus auf das

Abb. 65. Sinus caroticus eines Kaninchens, das *gleichzeitig* thyreotropes Hormon + artfremdes Serum intraperitoneal erhielt, gleiche Versuchsreihe des Tieres der Abb. 64. Schwere Veränderungen (Verquellung) der Achsenzylinder des nervösen Receptorenfeldes. BIELSCHOWSKY-GROS-Methode. Vergr. 1200.

Versagen eines zusammenhängenden Regulationssystems hinweisen, als dessen wesentlicher Teilfaktor in gesunden Tagen die Unversehrtheit des *vegetativen Nervensystems* anzusehen ist.

VIII. Über neurohormonale Zellen des Vagussystems in der Schilddrüse.

Aus Untersuchungsergebnissen vom Jahre 1934 — bei adäquater Reizung der *parasympathischen Receptorenfelder* des Sinus caroticus konnte ich aktiviertes Follikelepithel der Schilddrüse mit Kolloidfreiheit beobachten — habe ich schon damals den Schluß gezogen, daß dem *parasympathischen Vagussystem* für die Aktivierung der Schilddrüse besondere Eigenschaften zugeschrieben werden müßten. 1937 sah ich erstmalig nach beidseitiger Resektion der sichtbaren, in die Schilddrüse ziehenden Vagusäste und nachträglichen Gaben von thyreotropem Hormon ein eigenartiges Auftreten von *großen Zellen* im Interstitium dieser Schilddrüsen, die ich für SCHWANNsche Kerne hielt, wobei gleichzeitig — trotz des gegebenen thyreotropen Hormons (z. B. 2×300 MsE!) — eine intensivere Ansammlung stark eosinophilen Kolloids in den Follikeln festzustellen war. 1938 konnte ich zusammen mit W. EICKHOFF beobachten, daß im akuten Serumhyperergieversuch beim Kaninchen wenige Tage nach einseitiger cervicaler Vagusresektion eine sehr kolloidreiche Stapelschilddrüse vorlag, während die gleichlaufenden sensibilisierten Tiere mit intaktem Vagussystem nach wie vor ausgesprochen aktivierte Schilddrüsen aufwiesen. Wir machten auch an diesen Schilddrüsen die oben beschriebene Beobachtung vom Auftreten bestimmter Zellen im Drüseninterstitium, und wir hielten sie wiederum für SCHWANNsche Kerne.

Ich habe dann die Vagusreizversuche aus dem Jahre 1934 wieder erneut aufgegriffen, weitere Versuche mit thyreotropem Hormon und cervicaler Vagusresektion gemacht und die nachfolgenden, reihenweise durchgeführten *neurohistologischen* Untersuchungen der experimentell gewonnenen Schilddrüsen in verschiedenen Reaktionsstadien haben mir klar und deutlich gezeigt, daß es sich hier nicht um SCHWANNsche Kerne handelt, sondern vielmehr um ein ganz *besonderes Zellsystem, das zu den Follikelzellen der Schilddrüse einerseits gerechnet werden muß, während es zum anderen mit dem Vagus in engster Verbindung steht; deswegen habe ich diese Zellen als „neurohormonale Zellen des Vagussystems"* bezeichnet. Ich nenne sie kurz „*nh-Zellen*".

Diese Zellen sind auch an der gewöhnlichen Schilddrüse gut festzustellen, und die Nachschau im Schrifttum zeigte mir, daß sie scheinbar auch schon früher gesehen worden sind, wenngleich Natur und Eigenschaften der zur Diskussion stehenden Zellen bis jetzt *ungeklärt* geblieben waren. Wahrscheinlich sind die „*nh-Zellen*" identisch mit NONIDEZ' „parafollikulären Zellen", BABERs „parenchymatösen Zellen", HEIDENHAIN: „Restzellen", TAKAGIs großen Follikelzellen und ZECHELs „interfollikulären Zellen". NONIDEZ diskutiert die Ansicht, daß die fraglichen Zellen vielleicht die Fähigkeit haben, ihr Sekret direkt in die Blut- und Lymphbahnen abzugeben; auch THOMAS (1934) glaubt, daß die Zellen nach ihrer Lösung aus dem Verbande die Fähigkeit der Sekretbildung und -abgabe an den Körper beibehalten haben. VICARI (1936, 1937) schreibt, daß sie beim Hund in der Gravidität zunehmen und in der aktiven Schilddrüse zahlreicher sind als in der nichtaktiven. — Letzthin stellt EGGERT (1938), der all die genannten Autoren anführt, fest, daß die „Bedeutung dieser Zellen noch *ungeklärt* ist". Insbesondere erwähnt NONIDEZ, der die Schilddrüse mit CAJALs Methodik untersucht hat, nichts von einem Zusammenhang mit dem Nervensystem. Der Autor ist vielmehr der Meinung, die Schilddrüse sei nur über das Gefäßsystem, also vasomotorisch, nicht aber direkt mit dem Nervensystem verbunden.

Demgegenüber konnte ich in vorangehenden Untersuchungsergebnissen zeigen, daß das parenchymatöse Gewebe der Schilddrüse mit einem sehr reichhaltigen und *ungeheuer feinen terminalen Nervengewebe* versehen ist, das in Form des nervösen Präterminalplexus und des mit diesem in untrennbarem Zusammenhang stehenden nervösen Terminalreticulums eindeutig erkannt werden kann.

Oben wies ich darauf hin, daß die *nh-Zellen* zu den Follikelzellen der Schilddrüse gehören — wenn auch nicht zu dem stabileren Zellsystem der Follikel —

und in engster Verbindung mit dem Vagussystem stehen. Es ergibt sich daher die Notwendigkeit, die nh-Follikelzellen von den eigentlichen, kolloidbereitenden Follikelzellen zu trennen, weshalb ich letztere mit *„Thyreocyten"* bezeichnet

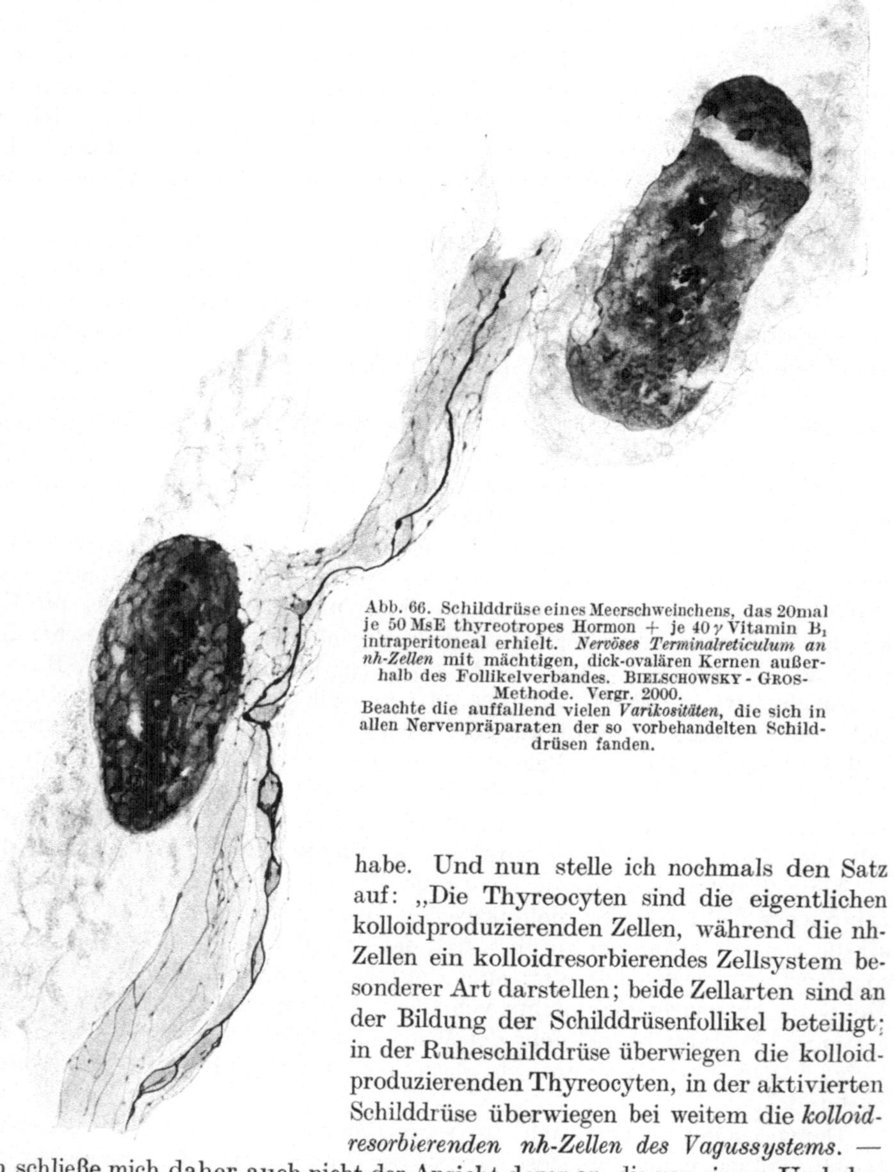

Abb. 66. Schilddrüse eines Meerschweinchens, das 20mal je 50 MsE thyreotropes Hormon + je 40 γ Vitamin B₁ intraperitoneal erhielt. *Nervöses Terminalreticulum an nh-Zellen* mit mächtigen, dick-ovalären Kernen außerhalb des Follikelverbandes. BIELSCHOWSKY - GROS-Methode. Vergr. 2000.
Beachte die auffallend vielen *Varikositäten*, die sich in allen Nervenpräparaten der so vorbehandelten Schilddrüsen fanden.

habe. Und nun stelle ich nochmals den Satz auf: „Die Thyreocyten sind die eigentlichen kolloidproduzierenden Zellen, während die nh-Zellen ein kolloidresorbierendes Zellsystem besonderer Art darstellen; beide Zellarten sind an der Bildung der Schilddrüsenfollikel beteiligt; in der Ruheschilddrüse überwiegen die kolloidproduzierenden Thyreocyten, in der aktivierten Schilddrüse überwiegen bei weitem die *kolloidresorbierenden nh-Zellen des Vagussystems.* —

Ich schließe mich daher auch nicht der Ansicht derer an, die von einer „Umkehrbarkeit der Polarität der Follikelzellen" sprechen, da es sich nach meinen Untersuchungen eben um zwei ganz *verschiedene* Zellsysteme bei diesen Schilddrüsenzellen handelt.

In der Ruheschilddrüse befinden sich die Follikel mit den nh-Zellen meist am Rande der Drüse, während das Zentrum vorwiegend von Thyreocyten

beherrscht wird. Die am Rande der Schilddrüse befindlichen Follikel können
daher mit den zugehörigen nh-Zellen den Eindruck einer Aktivierung hervorrufen, ohne eine solche in Wirklichkeit zu bedeuten. Bei der Aktivierung der
Schilddrüse treten sofort die nh-Zellen im Zentrum der Drüse gehäuft auf und
überfluten schließlich die ganze Drüse, wobei die Thyreocyten vollkommen in
den Hintergrund treten, ohne etwa zu verschwinden. Die Thyreocyten scheinen

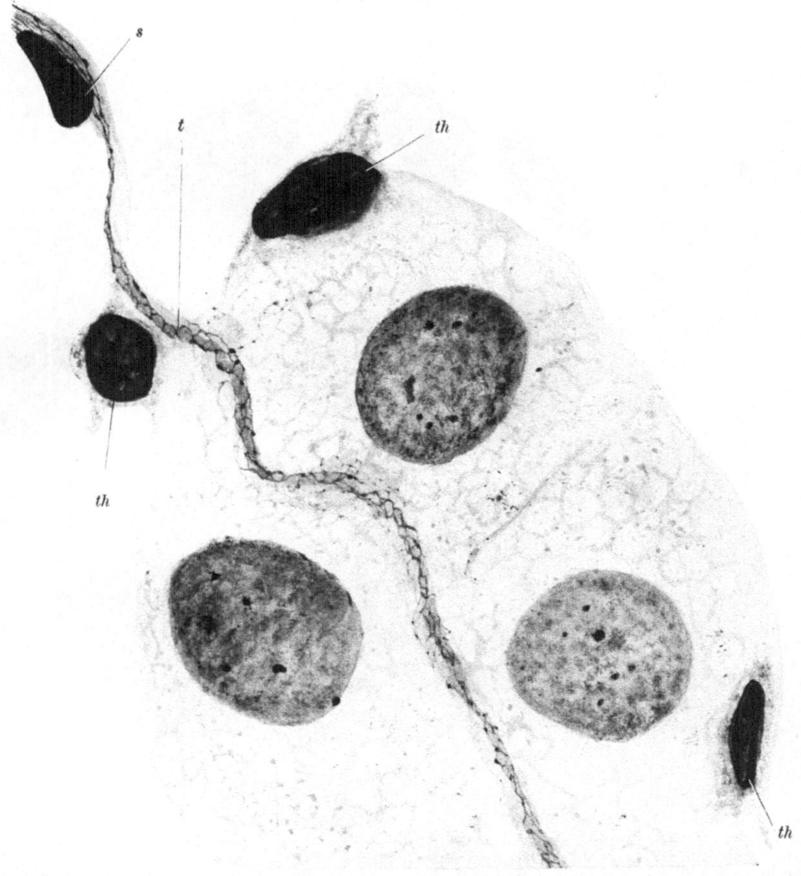

Abb. 67. Schilddrüse von Meerschweinchen (M 126), das mit pflanzlichem Eiweiß (Erbsenmehlauszug) sensibilisiert wurde, dann (einmal) 30 MsE thyreotropes Hormon intraperitoneal erhielt und am folgenden Tag
durch Nackenschlag getötet wurde. *Drei große, protoplasmareiche nh-Zellen* (kolloidresorbierend) mit bläschenförmigen, runden Kernen im Follikelverband. *th* Thyreocyten (kolloidproduzierend); *t* intraplasmatisches
nervöses Terminalreticulum; *s* SCHWANNscher Kern. BIELSCHOWSKY-GROS-Methode. Vergr. 2200.

im Gegenteil bei der Aktivierung der Schilddrüse ebenfalls eine gesteigerte
Tätigkeit zu entfalten. Man braucht nur nochmals die Abb. 35, 36, 91 zu vergleichen, wenngleich es den Eindruck erweckt, als ob auch die Thyreocyten —
ähnlich wie die nh-Zellen — innerhalb eines Syncytiums sich bewegen könnten.
Dabei muß man sich von vorneherein sehr hüten, pyknotische bzw. dunkelkernige nh-Zellen mit den stets dunkelkernigen Thyreocyten zu verwechseln,
was in unspezifischen Präparaten möglich ist.

Die nh-Zellen zeichnen sich für gewöhnlich aus durch ihre sehr großen, bläschenförmigen, *hellen Kerne* mit meist mehreren punktförmigen Kernkörperchen,

die durch feine Chromatinbrücken verbunden erscheinen. Außerdem haben die nh-Zellen stets einen auffallend breiten Protoplasmaleib, der in Silberpräparaten sehr feine Granulation aufweisen kann. Der Kern der kolloidproduzierenden Thyreocyten bleibt dagegen stets viel kleiner, hat ein sehr viel dichteres Kerngerüst und wird in aktivierten Drüsen rundlich-ovalär, wobei er sich meist quer zu den Follikellumina stellt. Auch der Protoplasmahof der

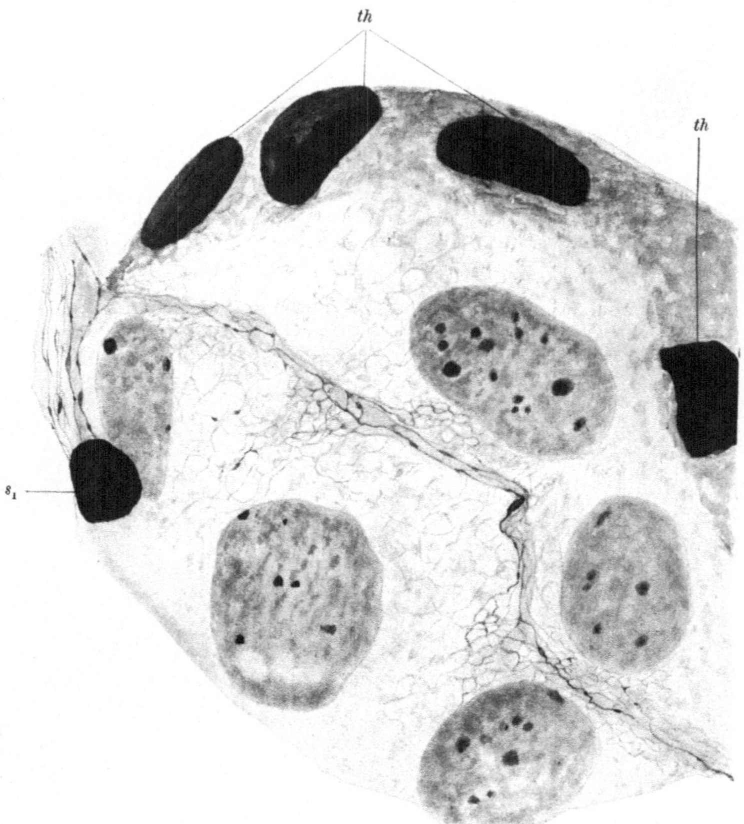

Abb. 68. Gleiches Präparat wie das der Abb. 67; dieser Follikel grenzt unmittelbar an den dort dargestellten im Präparat an, und das *nervöse Terminalreticulum*, das auch hier die *nh*-Zellen denkbar innig erfaßt, setzt sich kontinuierlich durch die beiden Gesichtsfelder dieser Abbildungen fort. s_1 Angeschnittener SCHWANNscher Kern. *th* Thyreocyten. BIELSCHOWSKY-GROS-Methode. Man beachte die in der Peripherie der Kernmembran liegenden, stärker gefärbten Chromatinbröckel an den *nh*-Zellen links unten! Gleiche Optik wie in Abb. 67.

Thyreocyten ist viel kleiner als derjenige der nh-Zellen und ausgesprochen eosinophil. Man erkennt die Thyreocyten im Beginn der Aktivierung einer Schilddrüse leicht an ihren kleinen, hellroten, eosinophilen, *nicht*granulierten Protoplasmahöfen, die wahrscheinlich aus Kolloid bestehen, am besten gelingt die Unterscheidung in *Nervenpräparaten*.

Die nh-Zellen befinden sich nicht nur inmitten der Schilddrüse, sondern auch im Kapselgewebe, besonders an der dorsalen Seite der Drüse sehr zahlreich, die man wohl als Schilddrüsen*hilus* bezeichnen darf. An größeren Schilddrüsengefäßen sieht man sie besonders häufig im Bereich der Adventitia, auf Gefäßquerschnitten scheinen sie dann das Gefäß förmlich zu ummauern (Abb. 89);

desgleichen kann man sie noch auf der Media antreffen. *Überall aber sind die nh-Zellen von einem reichhaltigen Netz feinster, nervöser Terminalfibrillen umgeben, das mit ihnen in sehr enge, plasmatische Verbindung tritt.* Das ist in guten Nervenpräparaten ohne weiteres zu erkennen (Abb. 66). Die nh-Zellen erscheinen in Begleitung feinster, markloser, meist retikulär angeordneter, terminaler Neurofibrillen außerhalb des Follikelverbandes stets mit sehr großen, dickovalären Kernen, die von großen, manchmal vakuolisierten Protoplasmaleibern umgeben sind. Befinden sich die nh-Zellen im Verband der Follikelzellen, so wird ihr Kern fast stets kreisrund, bleibt auch hier vielfach sehr groß und hell, und die Protoplasmahöfe legen sich mit oft deutlich erkennbaren polygonalen Zellgrenzen zusammen, wobei die Zelleiber im ganzen kleiner erscheinen können, als wenn sich die nh-Zellen außerhalb der Follikel befinden (s. Abb. 67, 68). Man erkennt, wie sie mit einem feinsten, *intraplasmatischen, nervösen Terminalreticulum* versehen sind, das nicht im eigentlichen Sinne intraplasmatisch endigt, sondern sie syncytial zusammenfaßt und von Zelle zu Zelle zieht. Die kleineren, dunkleren, längsovalären Kerne dicht an ihnen sind Thyreocyten (th), d. h. sie gehören zu den kolloidproduzierenden Follikelzellen wie sie oben beschrieben wurden.

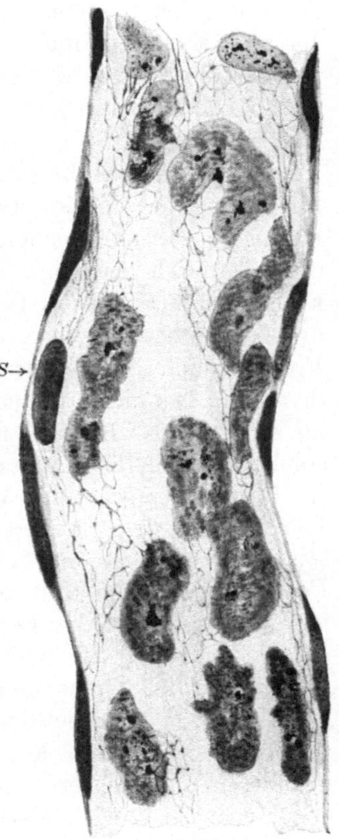

Abb. 69. Schilddrüse eines Kaninchens, bei dem sämtliche zur Schilddrüse ziehenden sichtbaren Nervenfäserchen 5 Tage vorher reseziert waren (Dez. 1937), am 5. und 6. Tag je 300 MsE thyreotropes Hormon intraperitoneal, am 7. Tag Tod durch Nackenschlag. *nh-Zellen mit feinstem, nervösem Terminalreticulum* in der Wand eines muskelfreien intraglandulären Schilddrüsengefäßes. *s* SCHWANNscher Kern. BIELSCHOWSKY-GROS-Methode. Vergr. 1800.

Zunächst sei noch dargelegt, daß sich die nh-Zellen in der aktivierten Schilddrüse nicht nur inmitten der Follikelzellen und im Interstitium in großer Anzahl befinden, sondern auch noch in der Wand der zahlreichen muskelfreien Schilddrüsengefäße angetroffen werden. Man sieht dabei in Nervenpräparaten, wie die nh-Zellen in diesen Gefäßwandungen nunmehr mit ihren sehr feingekörnten Protoplasmahöfen ein flächenhaft „strahliges" Aussehen angenommen haben, wie sie es im Follikelverband niemals zeigen; ihre Kerne bekommen eigenartige Einkerbungen oder andererseits pseudopodienartige Fortsätze, und vieles scheint mir dafür zu sprechen, daß die *nh-Zellen in diesen Gefäßwänden einer besonderen Reaktion unterliegen, die vielleicht mit einer Sekretabgabe in das muskelfreie Gefäßlumen zusammenhängt.* Jedenfalls behalten die nh-Zellen aber auch hier engste Verbindung mit dem nervösen Terminalreticulum, das auch nach Resektion aller in die Schilddrüse ziehender sichtbarer Nervenästchen nicht zugrunde zu gehen braucht, wie das Präparat der Abb. 69 zeigt, wenngleich man an den Kernen der nh-Zellen vielleicht pyknotische Anzeichen entdecken kann. Eine derartige Erscheinung braucht jedoch nicht die Folge der Nervendurchschneidung zu sein, kann vielmehr auch hier mit der vorhin diskutierten Sekretabgabe in das Gefäßlumen in Zusammenhang stehen; denn ich habe Kernpyknosen auch häufig an nh-Zellen in aktivierten Schilddrüsen gesehen, deren Nervensystem völlig intakt war.

Wenn man in Nervenpräparaten die Morphologie und das Verhalten der nh-Zellen bei verschiedenen Reaktionszuständen der Schilddrüse beobachtet hat, so ist es nicht mehr schwer, die nh-Zellen auch an gewöhnlichen Hä.-Eos.-Präparaten zu identifizieren. Oben wurde dargelegt, daß sie auch in der normalen *Ruheschilddrüse* festgestellt werden können. Sie befinden sich dann zumeist im Drüseninterstitium, also außerhalb der Follikel, und sind nicht unschwer an ihren charakteristischen dick-ovalären, hellen Kernen zu erkennen. Vornehmlich an den peripheren Zonen der Schilddrüse sieht man sie mit hellen, bläschenförmigen, *runden* Kernen inmitten des Follikelverbandes. Ich sagte schon, daß hierdurch derartige Follikel den Eindruck einer Aktivierung hervorrufen können, ohne es aber in Wirklichkeit zu sein. Die kolloidproduzierenden Thyreocyten erkennt man unschwer an den viel dichteren, dunkleren, querovalär zum Follikellumen gestellten Kernen; diese beherrschen in der Ruheschilddrüse das Bild. Die nh-Zellen scheinen in solchen Drüsen mehr oder weniger inaktiv zu sein und das Kolloid nicht so intensiv zu resorbieren; deswegen sind auch solche Drüsenfollikel stets ausgesprochen *kolloidreich.*

Ganz anders wird das Verhalten der nh-Zellen bei der *aktivierten* Schilddrüse. Die *nh-Zellen treten jetzt in den Follikeln massenhaft in Erscheinung und wandern stets neu vom Hilus der Drüse durch die Interstitien in großer Überzahl in die Follikelverbände,* so daß man auf Flachschnitten der Gesamtschilddrüse eine wahre Überflutung der Follikel mit nh-Zellen vom Zentrum der Drüse aus feststellen kann (vgl. die Abb. 35, 36, 91). Dabei stellt sich alsbald infolge Überwiegens der kolloidresorbierenden, hellkernigen nh-Zellen eine deutliche Kolloidverarmung und schließlich eine Kolloidfreiheit der Schilddrüsenfollikel ein. Auch die eigentlichen kolloidproduzierenden Thyreocyten mit ihren kleineren dunkleren und dichteren Kernen zeigen ein durchaus aktives Aussehen; man, erkennt deutlich, wie sie stets von einem stark eosinophilen Plasmahof umgeben sind. Aber da sie gegenüber den resorbierenden nh-Zellen in diesem Fall erheblich in der Minderheit sind, überwiegt die *sofortige Resorption* des eben sezernierten Kolloids; solche Schilddrüsen sind daher stets ausgesprochen *kolloidarm* und haben enge, „epithelisierte" Follikel infolge Überwiegens der nh-Zellen mit ihren bläschenförmigen, hellen Kernen im Follikelverband.

Wird bei Tieren mit (Abb. 36, 57) so aktivierten Schilddrüsen die cervicale Vagusresektion durchgeführt (und zwar schon bei einseitiger), so schlägt das Verhalten der Schilddrüsen unverkennbar und auffällig um: es tritt in kürzester Zeit eine starke Kolloidanstauung ein, weil die nh-Zellen die Resorption des Kolloids größtenteils einstellen; ihre Kerne werden blaß und chromatinarm. Sie verweilen aber zunächst noch in den Follikeln und können hier wiederum eine Aktivierung vortäuschen, die aber in Wirklichkeit nicht mehr vorhanden ist, weil die Follikel prall mit Kolloid gefüllt sind und daher die Resorption fehlt; Randvakuolen sind nicht sichtbar. Werden in diesem Zustand der Schilddrüse weitere Reize zugeführt — z. B. durch Auslösung des anaphylaktischen Shocks, der mit extremer Sympathicusreizung einhergeht —, so wird das Verhalten der nh-Zellen noch auffälliger: *sie treten völlig aus dem Follikelverband aus; solche Schilddrüsen erscheinen dann wie regelrechte Kolloidstrumen* (Abb. 70). Die nh-Zellen wandern dabei aus dem Drüsenparenchym teils den muskelfreien Gefäßen zu, teils aber auch diffus ins umgebende Kapselgewebe der Schilddrüse, wobei sie ähnlich den interstitiellen Zellen CAJALs das ungemein feine, reticuläre

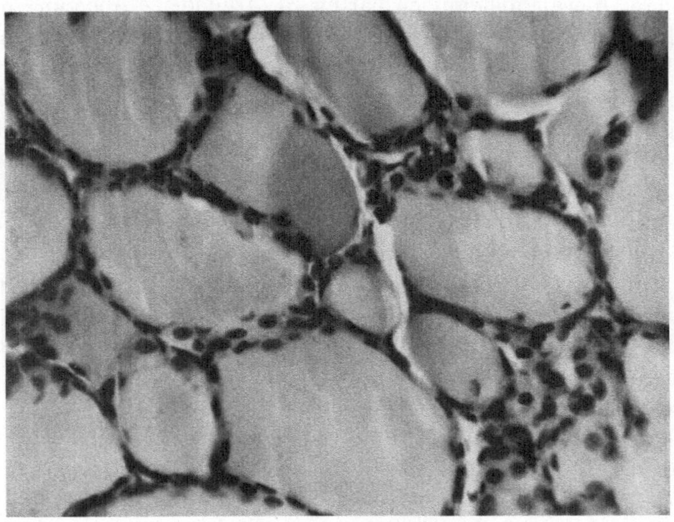

Abb. 70. Kolloidreiche Ruheschilddrüse eines mit artfremdem Eiweiß (inaktiviertem, sterilem Schweineserum) sensibilisierten und dann vagotomierten Kaninchens. Es überwiegen die dunkelkernigen Thyreocyten, während die hellkernigen *nh*-Zellen aus dem Follikelverband getreten sind. Die nur sensibilisierten, aber *nicht* vagotomierten Kontrollen zeigen gleiche aktivierte Schilddrüsenbilder wie das der Abb. 36 und der Abb. 57. Hä.-Eos.-Präparat. Mikrophoto. Obj. D., Ok. 6.

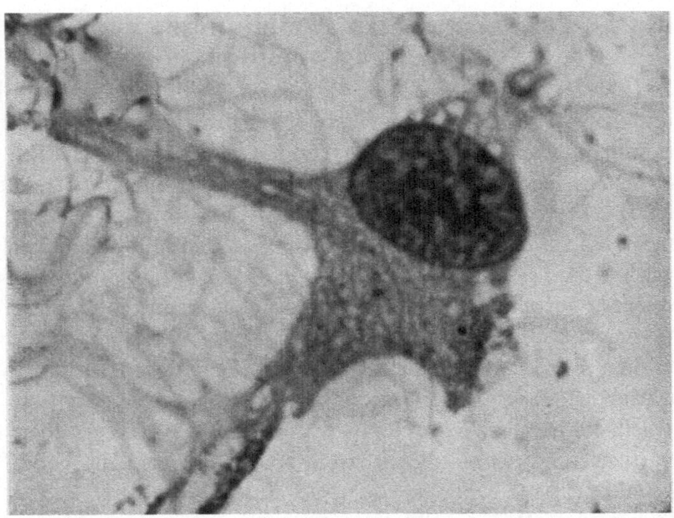

Abb. 71. Gleiches Präparat wie das der Abb. 70. Aus dem Follikelverband getretene *nh-Zelle* am Schilddrüsenhilus bei 1000facher Vergrößerung. Es handelt sich *nicht* etwa um einen Fibrocyten! Man beachte den stärker gefärbten Chromatinbröckel links unten an der Kernmembran, wie er sich ganz ähnlich auch an der *nh*-Zelle links unten im Follikelverband der Abb. 68 zeigt! Mikrophoto.

nervöse Terminalgewebe als Leitplasmodium zu benutzen scheinen. Da die kolloidproduzierenden Thyreocyten im Follikelverband bleiben und infolge der ihnen erneut zugeflossenen Reize ihre Sekretion fortsetzen, so kommt es in diesen Fällen, da kaum noch kolloidresorbierende nh-Zellen in den Follikeln vorhanden sind, *stets zu einer ausgesprochenen, strumaähnlichen Stapelschilddrüse* mit großen Follikeln, die allenthalben prall mit eosinophilem Kolloid gefüllt sind. Andere Operationstraumen hatten nie irgendeine Änderung im histologischen Schilddrüsenbild zur Folge. — Vielleicht sind die *nh-Zellen* mit den „neurogenen Nebenzellen" identisch, die STÖHR jr. (1939) in vegetativen Ganglien beschrieben hat und die er mit der Erzeugung von Acetylcholin in Zusammenhang bringt. Es ist durchaus möglich, daß die *nh-Zellen* in der Schilddrüse vor Einsonderung des Hormons durch Produktion eines Stoffes (Acetylcholin ?) das Kolloid dünnflüssig und resorptionsfähiger machen. Die Einsonderung selbst scheint dann nach Art einer Phagocytose vor sich zu gehen.

Obige Beobachtungen erscheinen geeignet, die alleinige und dominierende Rolle, die in den letzten Jahren dem thryreotropen Hypophysenvorderlappenhormon im Schilddrüsenregulationsmechanismus von bestimmter Seite zugeschrieben wurde, nicht unerheblich zu erschüttern und den Wirkstoff in eine Reihe anderer Regulationsmechanismen einzuordnen, die bislang aus nicht recht klaren Gründen zu sehr vernachlässigt wurden.

Vieles spricht dafür, daß ein intaktes *Vagussystem* für eine geregelte Tätigkeit der nh-Zellen im Organismus notwendig ist. Die nh-Zellen scheinen ihr resorbiertes Sekret auch außerhalb der Schilddrüse abgeben zu können, wobei wiederum parasympathische Einflüsse von Bedeutung sind, wie sich weiter unten noch zeigen wird. Abb. 71 zeigt eine solche nh-Zelle am Schilddrüsenhilus bei 1000facher Vergrößerung im Mikrophotogramm; es ist das gleiche Präparat wie das der Abb. 70.

IX. Die nh-Zellen und ihre Beziehungen zum Basedow-
und Kropfproblem.

Die *kolloidresorbierenden nh-Zellen* treten, wie oben dargelegt, beim Tierversuch in der aktivierten Schilddrüse gehäuft auf und übertreffen dabei schließlich die kolloidproduzierenden Thyreocyten ganz erheblich an Zahl. Ihr Verhalten entspricht weitgehend demjenigen, wie ich es in den Strumen bei der menschlichen BASEDOW*schen Krankheit* nachweisen konnte.

Charakteristisch ist in der Basedowstruma, daß die nh-Zellen in den Schilddrüseninterstitien und an den Gefäßen stets *große, breite, ovaläre Kerne* haben mit sehr *breiten Protoplasmahöfen,* wobei sie wiederum mit einem sie intraplasmatisch versorgenden, feinsten *nervösen Terminalreticulum* versehen sind (Abb. 72), in dem sich SCHWANNsche Kerne (*s*) vorfinden. Ich habe vor einigen Jahren beschrieben, daß in der Basedowstruma sich am nervösen Terminalgewebe deutlich erkennbare, krankhafte Veränderungen gegenüber der Norm nachweisen lassen und habe dieselben mit entsprechenden Abbildungen im einzelnen geschildert.

Die *nh-Zellen* der Basedowstruma (Abb. 72, *nh*) zeigen häufig besonders auffallende Vakuolenbildung der breiten Plasmaleiber, dabei stellenweise pyknotische Kerne (Abb. 72, *nh*$_1$), beides Erscheinungen, die an den nh-Zellen hauptsächlich im Drüseninterstitium und an den Gefäßen gefunden werden, weniger im Follikelverband. Es ist wesentlich, daß man zu diesen Studien nur solche lebensfrisch fixierte Basedowstrumen verwendet, die vorher kein Jod bekommen haben. Durch die Jodbehandlung wird das diesbezügliche Bild erheblich abgeändert.

Wiederum in weitgehender Übereinstimmung mit den experimentell gewonnenen und oben beschriebenen Bildern finden sich die großen, hellen Kerne der nh-Zellen im Follikelverband der Basedowstruma fast ausnahmslos in runden

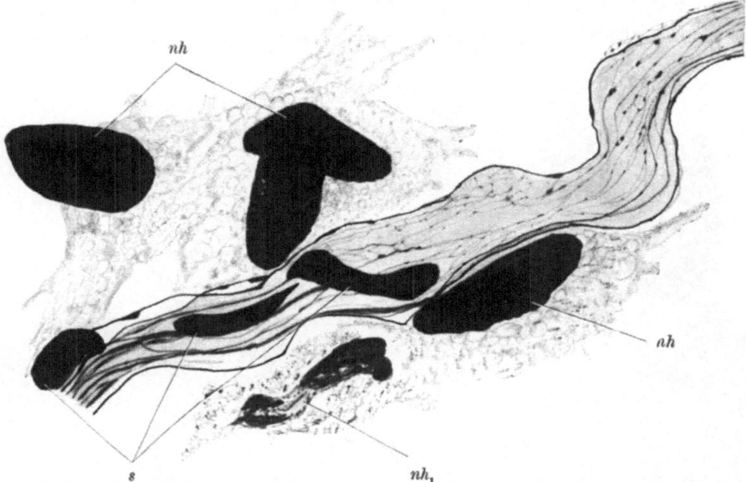

Abb. 72. Basedowstruma eines 26jährigen Mädchens. Operationsmaterial. Nervöses Terminalreticulum mit SCHWANNschen Kernen (*s*) an großkernigen, protoplasmareichen *nh*-Zellen (*nh*) mit dick-ovalären Kernen, außerhalb des Follikelverbandes. *nh₁* zugrunde gehende *nh*-Zelle mit Kernpyknose. BIELSCHOWSKY-GROS-Methode. Vergr. 1800.

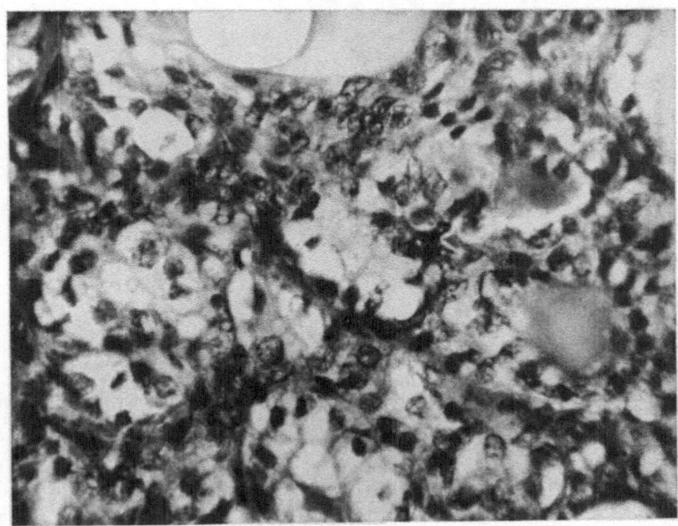

Abb. 73. Charakteristische menschliche Basedowstruma (Operationsmaterial). Es überwiegen die hellkernigen großen *nh*-Zellen gegenüber den dunkelkernigen, kleineren Thyreocyten. Hä.-Eos.-Präparat. Mikrophoto. Obj. D., Ok. 6. Die Thyreocyten lassen sich durch ihre eosinophilen Protoplasmahöfe und glatten Kernmembranen von dunkelkernigen „onkotischen" *nh*-Zellen unterscheiden.

oder rundlichen Formen, nicht dagegen wie außerhalb der Follikel in breitovalären. Die nh-Zellen haben auch in der nicht mit Jod behandelten Basedowstruma wiederum meist bläschenförmige, auffallend helle Kerne mit oft deutlich polygonal begrenzten Protoplasmaleibern (Abb. 73). Da sie hier die kolloidproduzierenden Thyreocyten mit dunklen, kleineren Kernen bei weitem überwiegen, ist die *echte, nicht mit Jod behandelte Basedowstruma infolge Überzahl an kolloidresorbierenden nh-Zellen stets kolloidarm, ja vielfach sogar kolloidfrei.* Dies Bild wird durch die präoperative Jodbehandlung nach PLUMMERs glücklicher Anweisung zwar verwischt, bleibt aber immer durchsichtig. Keinesfalls wird durch fortgesetzte Jodbehandlung die Basedowstruma für immer ärmer an nh-Zellen.

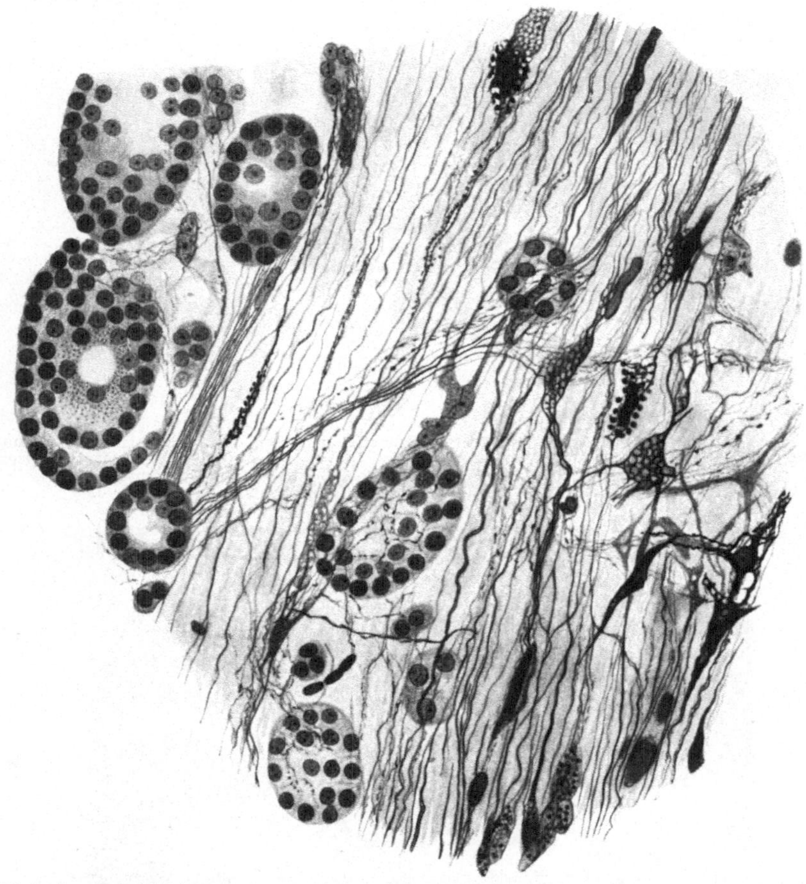

Abb. 74. In der menschlichen Basedowstruma finden sich hochgradige pathologische Veränderungen am intraglandulären terminalen Nervengewebe, die sich in teilweisem körnigen Zerfall der Neurofibrillen des Präterminalplexus und besonders auch in Vakuolenbildung und *Kernpyknose der nh-Zellen* des Interstitiums zeigen. BIELSCHOWSKY-BOEKE-Methode. Vergr. 800.

Im Interstitium der Basedowstruma fällt fast noch mehr als die krankhaften Veränderungen des Neurofibrillenapparates auf, daß die nh-Zellen, die normalerweise den wichtigsten Bestandteil des neurohormonalen Schilddrüsensystems darzustellen scheinen, stellenweise schwerste Veränderungen aufzuweisen haben, die sich — wie Abb. 74 zeigt — in einem vollständigen vakuolären Auflösen der breiten Protoplasmaleiber in ziemlich eindrucksvoller Ausprägung vorfinden. Gleichzeitig bemerkt man an den veränderten nh-Zellen teils eine *Pyknose des Zellkernes,* teils sehr häufig eine Mehrkernigkeit, so daß zweikernige nh-Zelle mit vakuolisiertem Protoplasmaleib (Abb. 75) keine Seltenheit sind; daneben können nh-Zellen mit 3—5 Kernen in einem großvakuolisierten Plasmaleib angetroffen werden, während andererseits auch riesige Einzelkerne zu sehen sind.

Es wurde mehrfach auf die Bedeutung der neurovegetativen Receptorenfelder des Sinus caroticus für die Schilddrüsenfunktion hingewiesen; diese Receptorenfelder bilden aber nicht nur mit der Schilddrüse eine funktionelle Einheit im Sinne eines geregelten Durchblutungsmechanismus, sondern sind vor allem auch beim Gesunden als „Herzschlagzügler" (H. E. HERING) tätig.

Wenn nun einerseits die auffallende Durchblutungsstärke der Basedowstruma mit ihren bei Operationen immer wieder auffallenden, *tonuslosen Gefäßen* und dem klinisch so typischen „Gefäßschwirren", andererseits die *Tachykardie* des Basedowkranken als Hauptcharakteristika dieses Krankheitsbildes imponieren, so dürfte gerade in diesem Zusammenhang von besonderem Interesse sein, daß sich an den neurovegetativen Receptorenfeldern des Sinus caroticus beim schweren, ausgeprägten Basedow (der Patient starb 2 Tage nach der Operation unter den bekannten Erscheinun

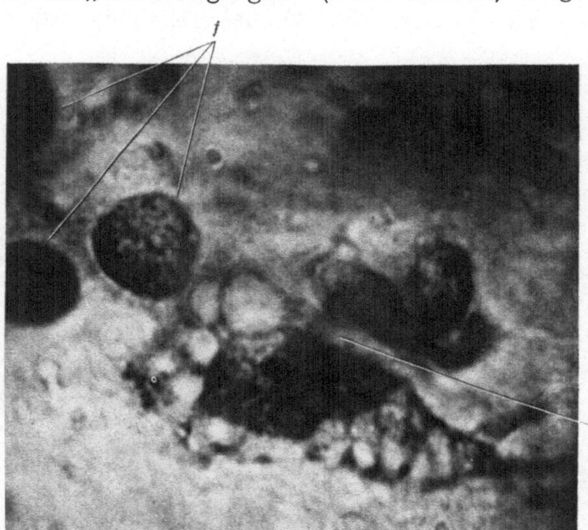

Abb. 75. Resezierte Basedowstruma. Einzelne nh-Zelle mit zwei Kernen und vollständig vakuolisiertem Plasmaleib. Die beiden Kerne sind bei *K* mit einer dichten Chromatinbrücke verbunden, wie das Präparat selber deutlicher zeigt. *f* Follikelzellen (Thyreocyten). Mikrophoto. Obj. $^1/_{12}$ mm Ölimmers., Ok. 8. BIELSCHOWSKY-BOEKE-Methode.

gen der „postoperativen Reaktion") hochgradige Veränderungen nachweisen ließen, die sowohl den neurofibrillären Apparat der Receptorenfelder selber als auch das SCHWANNsche Plasmodium hierselbst betreffen. Ich habe diese neurohistologischen Untersuchungen des Sinus caroticus nur an gestorbenen Basedowkranken durchführen können, und man könnte daraus den naheliegenden Einwand erheben, daß es sich hier um agonale, postmortale oder in der „postoperativen Reaktion" entstandene Veränderungen handelt. Der Einwand „agonaler oder postmortaler Veränderungen" ist streng genommen selbstverständlich nicht zu entkräften. Ich kann daher — bis ich einmal lebensfrisch fixiertes Material bekomme — vorläufig nur sagen, daß ich schon seit 10 Jahren sehr viele Hunderte und aber Hunderte von guten Nervenpräparaten menschlicher Carotissinus, die von Leichen stammen, angefertigt habe; dabei sind alle Altersstufen vom Fetus bis zum 88jährigen Mann vertreten; nicht ein einziges Mal aber habe ich bisher solche Veränderungen angetroffen wie beim M. Basedow! Überhaupt scheint der neurofibrilläre Apparat gegen postmortale Veränderungen außerordentlich resistent zu sein, und ich glaube, daß er mit zu dem diesbezüglich am meisten resistenten Gewebe überhaupt gehört. Ein Gleiches stellte STÖHR jr. an den Nerven beim Magenulcus fest. Deswegen haben die alten Anatomen ja auch schon das Gewebe „verfaulen" lassen, um schließlich die Ganglienzellen übrig zu behalten.

Ich bin daher von der vital entstandenen Art dieser schwer krankhaften Veränderungen im Sinus caroticus der verstorbenen Basedowkranken überzeugt.

Man erkennt am Receptorenfeld selber (Abb. 77) eine diffuse Verquellung der
Achsenzylinder und einen körnigen Zerfall der Neurofibrillen, während die
SCHWANNschen Kerne ein an die nh-Zellen der Basedowschilddrüse erinnerndes
Aussehen erhalten haben: vakuolisiertes Plasma, hochgradige Kernpyknose.
Stellenweise findet man ganz analoge Bilder zu nh-Zellformen der Basedow-
struma. So zeigt Abb. 78 eine solche Zelle mit 3 Kernen. Es ist möglich, daß

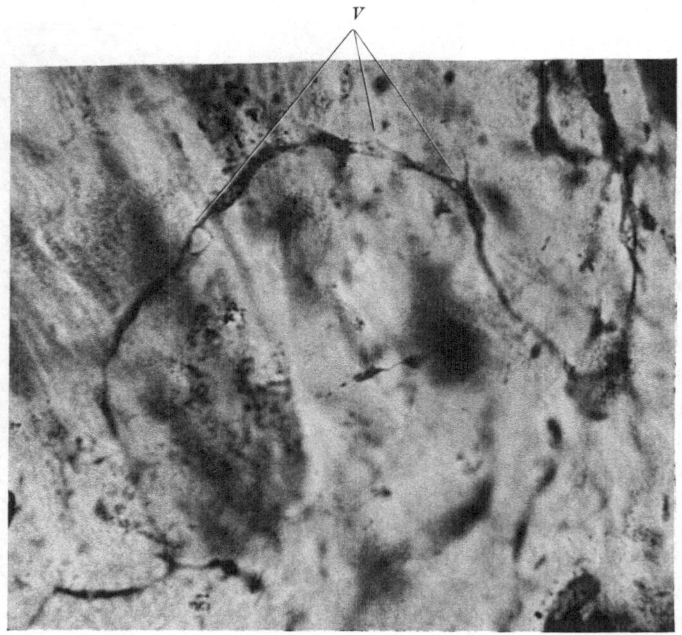

Abb. 76. Sehr schwerer Morbus Basedow; Tod in der „postoperativen Reaktion"; stark vergrößerter Thymus
und lymphatischer Rachenring. Man sieht an den Receptorenneurofibrillen des Sinus caroticus allenthalben
ausgeprägte Vakuolenbildung (V). Mikrophoto. Obj. $^{1}/_{12}$ mm Ölimmers., Ok. 8. BIELSCHOWSKY-BOEKE-Methode.

es sich bei diesen letzteren um CAJALs „interstitielle Zellen" handelt. MEIJLING
(1938) schildert das Vorkommen dieser letzteren im normalen Sinus caroticus
des Pferdes. Ich bezweifele ebenso wie MEIJLING das Vorkommen dieser Zellen
im Sinus caroticus nicht, glaube aber andererseits auch nicht, daß nur zu ihnen
allein eine plasmatische Verbindung der Terminalfibrillen des Receptorenfeldsystems besteht; auch zu den Fibrocyten der Adventitia tritt das receptive
Terminalreticulum der Neuroreceptoren in ebenso enge Verbindung, wie ich
mich an meinen Präparaten allenthalben in beliebiger Variation überzeugen kann.
Falls die Zellen, an denen ich die oben beschriebenen schwer krankhaften Veränderungen beim M. Basedow antraf, im Receptorenfeldsystem normalerweise den
interstitiellen Zellen CAJALs entsprechen, dann weise ich um so eindringlicher auf
die ganz analogen Bilder meiner nh-Zellenveränderung in der Basedowstruma
hin und mache auf die Häufigkeit dieser wichtigen Zellen aufmerksam.

Was die Veränderungen des Sinus caroticus betrifft bzw. seines Receptorenfeldsystems, so glaube ich also nicht, daß es sich hierbei um agonale oder postmortale Vorgänge handelt, und ich hoffe, den entsprechenden definitiven Beweis
durch Untersuchung geeigneten Materials erbringen zu können. Dagegen halte
ich es für möglich, daß die Veränderungen in solch hohem Maße wenigstens
teilweise auch Folge der durchgemachten schweren „postoperativen Reaktion"

sind. Letztere — in ihrem eigentlichen Wesen noch nicht völlig geklärt; es sei
daran erinnert, was oben im Abschnitt über die Frage des „Anti-Hormons" über
sie ausgeführt ist — geht bekanntlich mit hochgradigen Reizerscheinungen

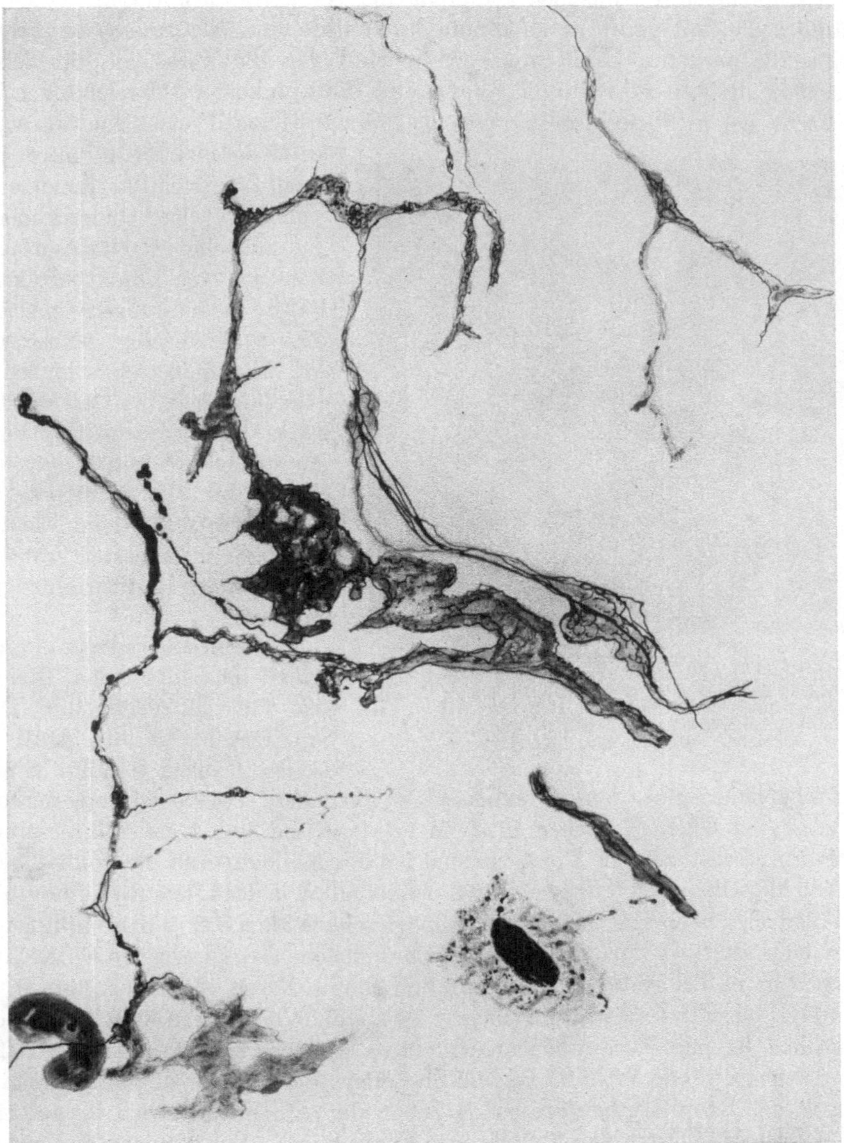

Abb. 77. Gleiches Präparat wie das der Abb. 76. Verquellung der Achsenzylinder und stellenweise körniger
Zerfall der Neurofibrillen im Receptorenfeld des Sinus caroticus. Gleiche Vergrößerung wie Normalpräparat
der Abb. 42. BIELSCHOWSKY-BOEKE-Methode.

des vegetativen Systems einher; sie erinnert in vielem an das Bild des anaphylaktischen Shocks. Es wäre daher möglich, daß die postoperative Reaktion
zur Verschlimmerung der beschriebenen Veränderungen des Receptorenfeldsystems beiträgt.

Wie dem aber auch sei, für die Basedowklinik und -pathologie scheint sich aus den Befunden am Sinus caroticus ein Anhalt dafür zu ergeben, daß die hier gefundenen Veränderungen wohl geeignet sein können, eine Erklärung für eines der prägnantesten klinischen Symptome der BASEDOWschen Krankheit zu geben, nämlich die *Tachykardie*; sie könnte danach als eine „*Entzügelungstachykardie*" aufgefaßt werden. Und damit ergebe sich für die Pathologie des Morbus Basedow die weitere Schlußfolgerung, daß die krankhaften Abweichungen beim Basedow gar nicht so ohne weiteres als „rein funktionell" anzusehen wären, wie es oftmals und bis in unsere Tage noch hingestellt ist, sondern sich vielmehr einer entsprechenden Spezialtechnik als durchaus erfaßbare und wohl beachtbare krankhafte Veränderungen enthüllen, die — gradmäßig selbstredend im Einzelfalle verschieden — allerdings beim Fortfall der toxischen Thyreoideaeinflüsse gemäß der erstaunlichen und ungeahnt expansiven Regenerationsfähigkeit dieser vegetativen Elemente scheinbar in kürzester Zeit einer weitgehenden Restitution zugänglich sind.

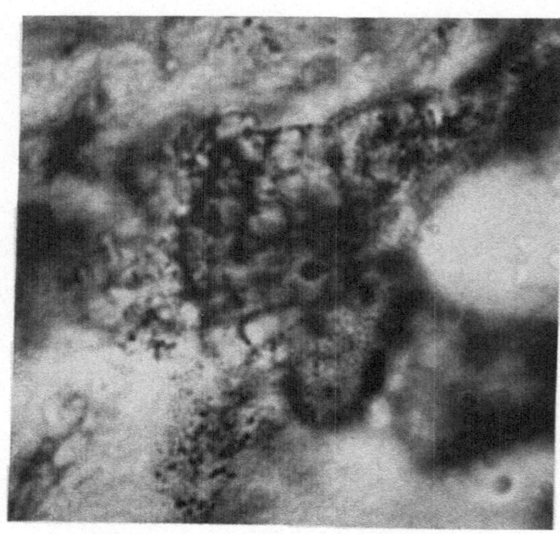

Abb. 78. Gleiche Präparatenserie wie das der Abb. 76, 77. Drei dick-ovaläre Kerne des Sinus caroticus in einem Riesenplasmaleib, der vollständig vakuolisiert ist und an die entsprechend aussehenden nh-Zellen (vgl. Abb. 75!) in der resezierten Basedowstruma dieses Patienten erinnert. Mikrophoto. Obj. $^1/_{12}$ mm Ölimmers., Ok.

Ganz im Gegensatz zur kolloidarmen Basedowstruma, bei der also die nh-Zellen die Drüse beherrschen, ist die prall mit dickem Kolloid gefüllte Struma diffusa kolloides *arm an aktiv resorbierenden nh-Zellen*! Die kolloidproduzierenden Thyreocyten dagegen stehen ganz im Vordergrund und können ihrerseits ein aktives Aussehen zeigen. Vor allem sind bei der Kolloidstruma die Follikel selber arm an nh-Zellen. Die letzteren finden sich lediglich in den Interstitien und an den Gefäßen noch in einiger Anzahl vor, wenngleich sie auch hier zahlenmäßig gegenüber der Norm stark zurücktreten. Beim endemischen Kropf scheinen Entartungszeichen im nh-Zellsystem zu bestehen und die nh-Zellen überhaupt ganz in den Hintergrund zu treten, womit vielleicht das seltene Vorkommen eines M. Basedow in solchen Gegenden zusammenhängen könnte. Bei der erhöhten chemischen Affinität des neurotropen Vitamin B_1 zum nh-Zellsystem wäre es durchaus möglich, daß in den Kropf-Endemiegegenden neben dem Jodmangel auch ein relativer B_1-Mangel als ätiologischer Teilfaktor in Frage käme. Ein genuiner M. Basedow hingegen pflegt sich auf dem Boden einer bis dahin unveränderten Schilddrüse mit vorhandenen nh-Zellen zu entwickeln, während das in unseren Gegenden außerordentlich seltene „Toxic adenoma" der Amerikaner den in solchen adenomatösen Strumen anzutreffenden nh-Zellen seine Entstehung verdanken dürfte; daß solche nh-Zellen auch *maligne* werden können, beweisen die 2 Beobachtungen, über die weiter unten berichtet wird.

X. Zur weiteren Funktion der nh-Zellen und der Jodwirkung auf die Basedowschilddrüse.

Einen interessanten Einblick in die weitere Funktion der nh-Zellen gewährt folgende Versuchsanordnung, die ich als Beispiel vom Kaninchen K 69, das dieser Versuchsreihe angehört, schildern will: das Tier wurde in der üblichen Weise — 5mal jeden 4. Tag 2 ccm steriles, inaktiviertes Schweineserum subcutan in den rechten Hinterlauf injiziert — sensibilisiert. Nach erfolgter Sensibilisierung

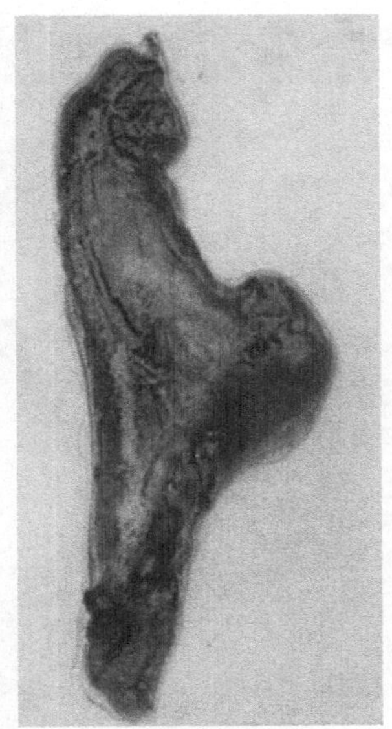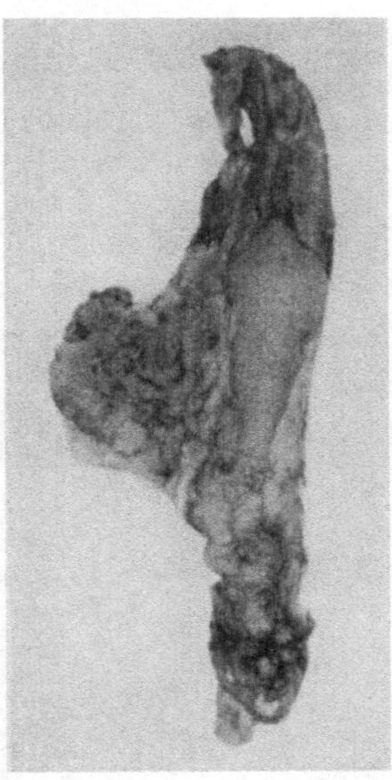

a   b

Abb. 79 a und b. Linke Schilddrüsenhälfte von Kaninchen K 69 (s. Text). a Ansicht von vorne, b Ansicht von hinten. Dreimal nat. Größe.

wurde in kurzer Urethannarkose die rechtseitige, cervicale Vagusresektion durchgeführt. Am 3. Tag nach diesem Eingriff erhielt das Tier 30 MsE thyreotropes Hormon intraperitoneal, am 4. Tag wiederum 30 MsE thyreotropes Hormon intraperitoneal und am 5. Tag nochmals 30 MsE thyreotropes Hormon intraperitoneal. Am 6. Tag wurde die rechte Schilddrüsenhälfte herausgenommen und in 12%igem neutralen Formol fixiert; gleichzeitig wurde die linksseitige, cervicale Vagusresektion ausgeführt; das Tier bekam danach kurze Zeit Preßatmung, erholte sich aber sogleich. Am 3. Tag nach diesem letzten Eingriff trat am Abend der Spontantod ein. Das histologische Bild der rechten Schilddrüse zeigt eine ausgesprochen kolloidreiche Ruheschilddrüse, trotzdem 3 Tage vorher täglich je 30 MsE thyreotropen Hormons verabfolgt waren. Der Befund entspricht dem Wirkungsmechanismus, wie er oben im Abschnitt über das sog. „Anti-Hormon" des näheren dargelegt ist.

Besonders auffallend ist aber das Verhalten der linken Schilddrüse. Während normalerweise nach Herausnahme der einen Schilddrüsenhälfte — wohl infolge vermehrt ausgeworfenen körpereigenen thyreotropen Hormons — die andere zurückgebliebene Schilddrüsenhälfte gewöhnlich *hypertrophiert und die Zeichen einer Aktivierung aufweist,* sieht man in dieser Schilddrüse nach erfolgter Vagusresektion nicht nur *keine* Hypertrophie, sondern im Gegenteil alle Zeichen einer *stark ausgeprägten Atrophie. Die Atrophie ist derart groß, daß man von einem völligen Wegschmelzen nicht nur der Follikel, sondern des gesamten Schilddrüsengewebes überhaupt* sprechen kann.

Wenn ein so hochgradiger Schwund des Schilddrüsengewebes vorhanden ist, dann müßte man das grobanatomisch erkennen können; das ist in der Tat der Fall. In den Lichtbildern der Abb. 79a und b sieht man die herausgenommene linke Schilddrüsenhälfte von vorn und von hinten. Besonders in der letzteren

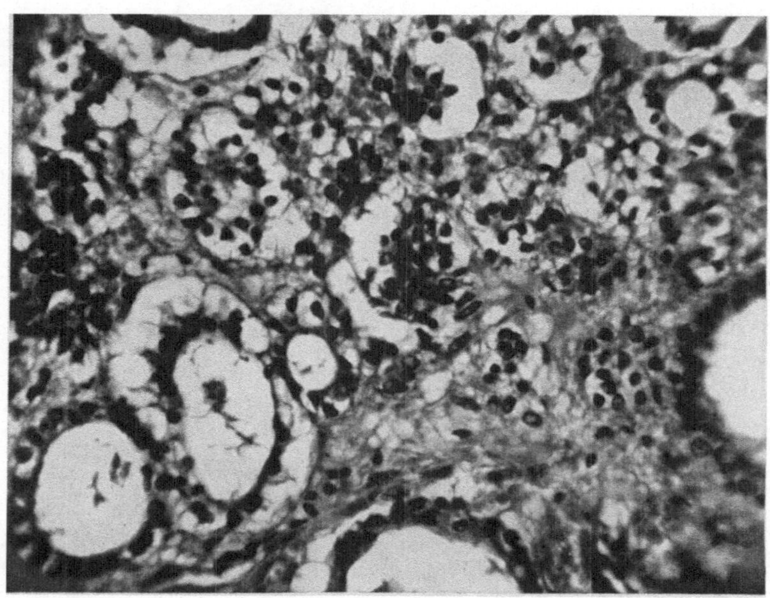

Abb. 80. Linke Schilddrüse von K 69 (s. Text). Vollständige Atrophie der Follikel, nicht *eine* nh-Zelle im Follikelverband. Mikrophoto. Obj. D, Ok. 6. Hä.-Eos.-Präparat.

Ansicht, wo kein Kapselgewebe stört, erkennt man gut, wie statt der sonst einheitlichen Schnittfläche einer Schilddrüse unregelmäßig unterteilt erscheinende Gewebskomplexe vorhanden sind, wobei man vermuten kann, daß sich hier grundlegende Veränderungen abgespielt haben müssen.

Diese Vermutung wird zur Sicherheit, wenn man die histologischen Serienschnitte studiert. An denjenigen Schilddrüsenteilen, die noch ein deutliches Follikelsystem erkennen lassen (Abb. 80), sieht man, daß sich die Follikel in direkter Auflösung befinden. Am meisten Ähnlichkeit haben die Präparate noch mit denjenigen Stellen in typischen *Alters*schilddrüsen, deren Follikelatrophie die Abb. 29 zeigt. Ich bitte, dies Bild damit zu vergleichen.

Auffallend bleibt, daß sich im Follikelverband dieser *völlig atrophischen Kaninchenschilddrüse auch nicht eine einzige nh-Zelle mehr vorfindet.* Die letzteren sind vielmehr aus dem Follikelsystem ausgetreten und befinden sich in großen Schwärmen im Kapsel- und perihilären Binde- bzw. Fettgewebe. Die zurückgebliebenen, in weiterer Auflösung begriffenen Follikel bestehen einzig und allein noch aus den dunkelkernigen Thyreocyten.

Die außerhalb des Follikelverbandes befindlichen nh-Zellen zeigen teils sehr große bläschenförmige Kerne mit stellenweise sehr deutlich sichtbaren Kernmembranen und außerdem ungewöhnlich *große* — etwas dunkler als gewöhnlich erscheinende — *Plasmaleiber*. An vielen dieser nh-Zellen sieht man sehr schöne Bilder amitotischer Zellteilungen; stellenweise kommen wahre Riesenkerne zu

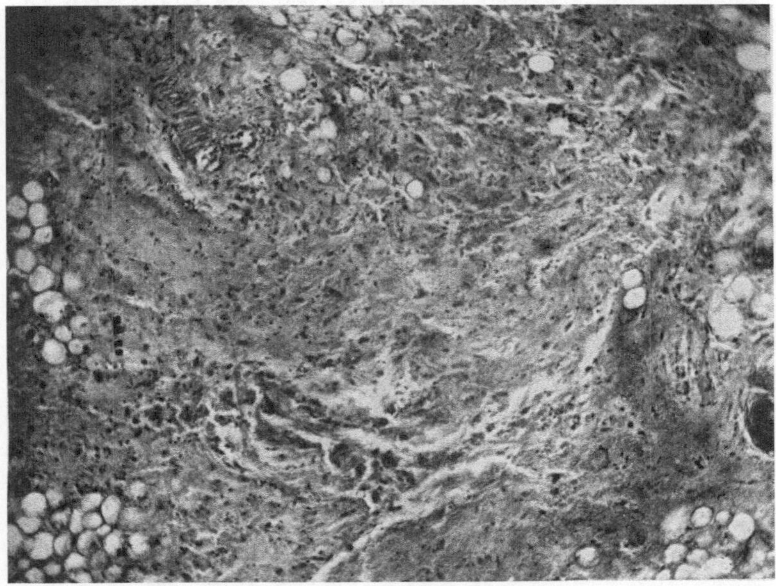

Abb. 81. Andere Stelle der Schilddrüse von K 69. Völlige Atrophie nach Art einer *Kretinen*schilddrüse (vgl. Abb. 82).

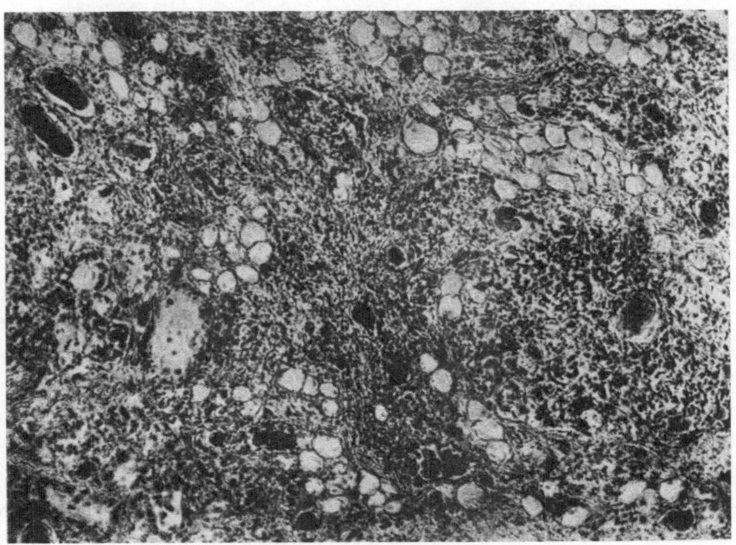

Abb. 82. Atrophische Schilddrüse eines 57jährigen *Kretinen*. (Nach WEGELIN 1936.)

Gesicht. Vom typischen Schilddrüsenbau ist an solchen Stellen, obwohl es sich doch um direkte Schilddrüsenschnitte des herausgenommenen Organs handelt, nichts mehr zu sehen (Abb. 81). Ich wurde beim Betrachten dieser Serienschnitte unwillkürlich an Bilder von Kretinenschilddrüsen erinnert und bitte, einmal die letzte Abbildung mit der Abb. 82 zu vergleichen, die WEGELIN (1936) von einer *Kretinen*schilddrüse angefertigt hat.

Im Einklang mit dem oben über „Nervensystem und Schilddrüse" sowie im Abschnitt über „das neurohormonale Schilddrüsensystem" Dargelegte zeigen auch diese experimentellen Befunde, daß dem *Parasympathicus eine wesentliche Komponente im Schilddrüsenregulationsmechanismus zuzuschreiben ist, wobei die*

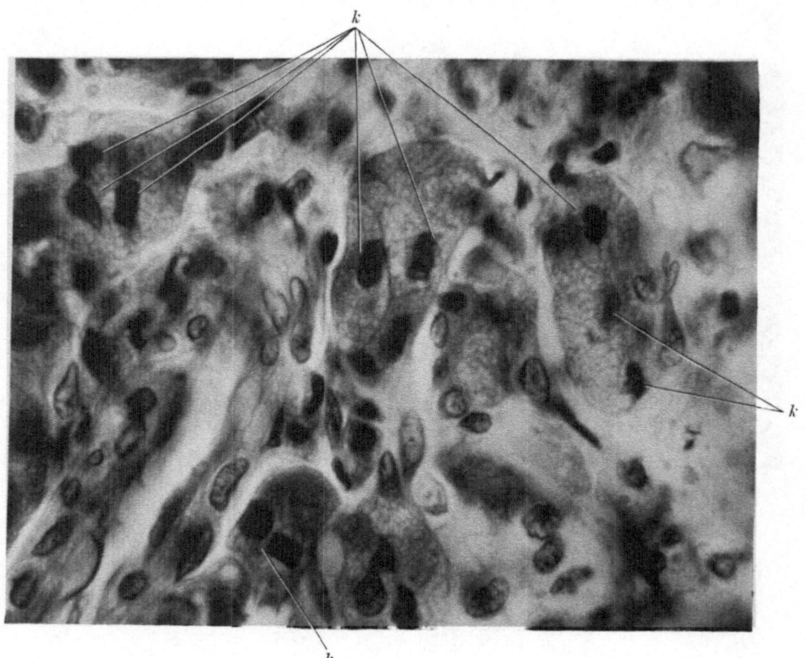

Abb. 83. Resezierte Struma eines schweren Basedowfalles mit 119% Grundumsatzsteigerung. Beginnende Kernpyknose (*k*) onkotischer *nh*-Zellen mit großen, granulierten Plasmaleibern im Follikelverband. Hä.-Eos.-Präparat. Mikrophoto. Obj. D, Ok. 6.

neurohormonalen Zellen des Vagussystems wahrscheinlich den wichtigsten Faktor dieses besonderen biologischen Systems darstellen.

Man könnte vielleicht der Meinung sein, die vorliegenden experimentellen Ergebnisse auf die menschliche Basedowtherapie anzuwenden und eine Vagotomie in Vorschlag zu bringen. Ich möchte davor vorläufig noch ernstlich warnen: nicht nur die Rekurrensparese und die dann eintretende Stimmbandlähmung wären unangenehm, auch schwerste Pneumonien und Lungenabscesse könnten als Folgeerscheinungen das Leben des Patienten aufs äußerste bedrohen.

Dagegen spricht vieles dafür, daß die uns allen bekannte günstige *Jodwirkung* auf die Basedowstruma in den oben dargelegten Wirkungsmechanismus, d. h. das *nh*-Zellsystem im engeren Sinne eingreift, und zwar nach Art einer *vorübergehenden Ausschaltung der Resorptionsfähigkeit dieser Zellen.*

Ich zeige zunächst in Abb. 83 das Bild einer Basedowstruma, die bei der Operation eines schwersten Basedowfalles mit über 100% Grundumsatzsteigerung schon vor vielen Jahren gewonnen wurde. Damals war die richtige Art der Joddarreichung wohl noch nicht genügend ausgearbeitet: man kann ziemlich sicher sagen — auch wenn die äußerst geringen diesbezüglichen Jodmengen nicht in der Krankengeschichte angegeben wären, daß dieser Kranke *ganz offensichtlich viel zu wenig Jod bekommen hat*; ich bin überhaupt der Ansicht, daß vielerorts bei der präoperativen Vorbereitung des Basedowkranken auch heute noch zu *geringe Mengen Jod* gegeben werden. Die präoperative, kurzfristige Jodbehandlung kann ihren ungemein günstigen Einfluß nur dann in vollem Maße ausüben, wenn Jod in größeren Mengen gegeben wird, als es vielfach üblich ist. Im obigen Fall war in keinem einzigen Follikel Kolloid anzutreffen; in solchen Fällen

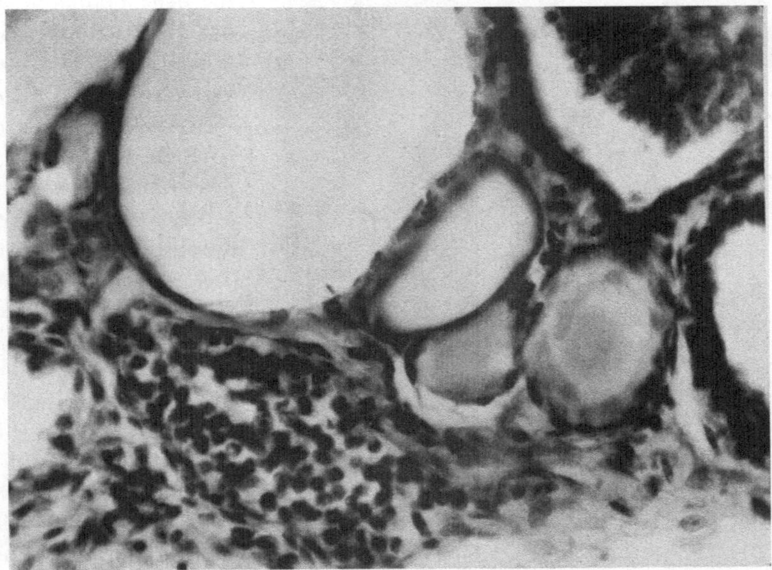

Abb. 84. Nach genügend hohen Jodgaben resezierte Basedowstruma (s. Text). Hä.-Eos.-Präparat. Mikrophoto. Obj. D, Ok. 6.

wurden im allgemeinen zu geringe Jodgaben als Operationsvorbereitung gegeben. Man prüfe sein Operationsmaterial danach und gebe verdoppelt, ja ruhig verdreifachte Dosen. Und man gebe Jod weiter auch am Operationstag und ebenso abklingend in den ersten Tagen nachher. Eine geringere Mortalität und eine geringere „postoperative Reaktion" werden die Folge sein, wie wir das auch an unserem Krankengut in den letzten Jahren feststellen konnten.

Bei dem oben genannten Kranken, der am 2. Tag nach der Operation starb, sieht man an den *nh-Zellen* seiner typischen Basedowstruma (Abb. 83), daß eine eben angedeutete Kernpyknose stellenweise sich zu bilden beginnt, *wobei die nh-Zellen noch allenthalben im Follikelverband anzutreffen sind.*

Ganz anders wird das Bild der mit genügend hohen Joddosen kurzfristig vor der Operation behandelten Basedowstruma. Hier ist es zunächst unter den Jodgaben wieder zu einer Kolloidansammlung in den Follikeln gekommen, und ihre Bilder erinnern an eine temporäre Ruheschilddrüse. Vor allen Dingen ist aber in den mit genügend hohen Jodgaben vorbehandelten Basedowstrumen eine ganz deutliche und unverkennbare *allgemeine Kernänderung der nh-Zellen eingetreten,* die an einem Großteil der nh-Zellen zur definitiven *Autolyse* führt. Die Kerne sind auffallend kleiner geworden und — im Gegensatz zur aktiv tätigen, resorbierenden nh-Zelle — dicht, tiefdunkel und gleichmäßig, nicht aber nach Art einer degenerativen Kernpyknose, solange sie sich noch in den Follikeln selbst befinden. Die Befunde scheinen dafür zu sprechen, daß unter dem Einfluß genügend hoher Jodgaben in den *nh-Zellen ein erheblich jod-konzentrierteres Hormon zur Resorption kommt,* als dies normalerweise der Fall ist, wo man solche *nh*-Zellen, bei deren Anwesenheit sich das Kolloid vor der Resorption gewöhnlich in stark „verflüssigter" Form in den Follikeln vorfindet, nicht zu Gesicht bekommt. Infolge dieser Zellveränderungen, die an HAMPERLs „Onkocyten" erinnern, scheint den in der Schilddrüse anwesenden *nh*-Zellen alsdann eine weitere Resorption des konzentrierten Kolloids nicht möglich zu sein: es kommt zur *Kolloidstapelung in den Follikeln der Basedowschilddrüse.* Gleichzeitig findet sich in den breiten, muskelfreien Schilddrüsengefäßen (Lymphgefäße? Venensinus?) eine sehr erhebliche Ansammlung zugrunde gehenden Zellmaterials, das scheinbar aus veränderten, abgestoßenen, *nh*-Zellen besteht. Jedenfalls findet man die *ableitenden, muskelfreien Gefäße der mit genügend hohen Jodgaben vorbehandelten Basedowschilddrüse stellenweise*

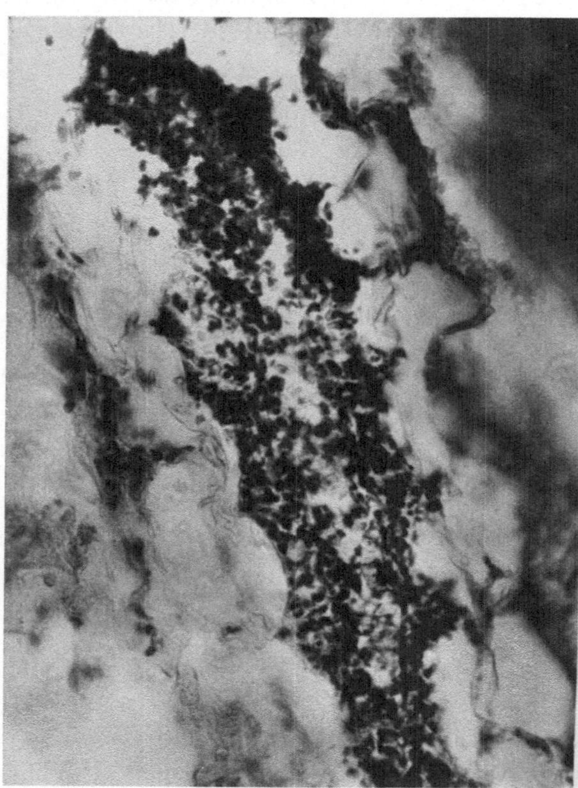

Abb. 85. Nach genügender Jodvorbehandlung resezierte Basedowstruma. Mit zugrunde gehendem Zellmaterial gefüllte ableitende, muskelfreie Schilddrüsengefäße (Lymphgefäße?). Hä.-Eos.-Präparat. Mikrophoto. Obj. D, Ok. 6.

prall mit solchem Zelldetritus gefüllt, und zwar nicht nur innerhalb der Drüse selber (Abb. 84), sondern ebenso auch im ableitenden para- und prätrachealen (Lymph-?) Gefäßgebiet (Abb. 85 und 86). Nur zum bedeutend geringeren Teil scheint sich eine gewisse Anzahl von *nh*-Zellen auch ins Lumen des einen oder anderen Follikels abzustoßen und dort der Plasma- und Karyolyse anheimzufallen (Abb. 87), ein Vorgang, den man in erheblich herabgesetztem Maße übrigens auch hier und da an normalen Schilddrüsenfollikeln beobachten kann.

Wesentlich scheint mir zu sein, daß die Umbildungs- bzw. Rückbildungsvorgänge im nh-Zellsystem der mit genügend hohen Jodgaben vorbehandelten Basedowschilddrüse offensichtlich nicht nur *vorübergehenden Charakter* tragen, sondern vor allen Dingen auch nur an den *in der Schilddrüse* befindlichen nh-Zellen vorzugsweise zur Auswirkung kommen. Da wir unten sehen werden, daß das eigentliche „Quellgebiet" der nh-Zellen gar nicht die Schilddrüse selber ist, so bleibt die Basedowschilddrüse nicht nur keineswegs für dauernd unter den Jodgaben ruhiggestellt, sondern es scheint sich sogar diese Jodverabreichung nach Verbrauch bzw. Ausmerzung eines Großteils der in der Schilddrüse vorhanden gewesenen nh-Zellen als verstärkter Reiz zur *Neubildung* in dem vielfach gerade beim Basedow vermehrt vorhandenen, epithelialen Thymusgewebe auszuwirken, so daß nach vorübergehender Kolloidansammlung und Abstoßung vorhanden

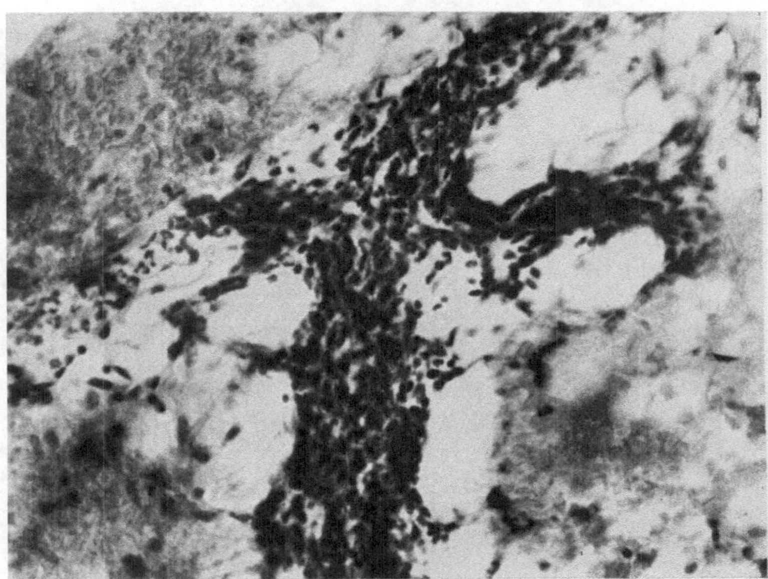

Abb. 86. Schwerster Morbus Basedow. Status „thymo-lymphaticus". Nach genügender Jodvorbehandlung resezierte Basedowstruma. Im resezierten Gewebsstückchen, das Struma und Thymus miteinander verband, sieht man ableitende, muskelfreie Gefäße, die mit zugrunde gegangenem Zellmaterial vollgepfropft sind. Hä.-Eos.-Präparat. Mikrophoto. Obj. D, Ok. 6.

gewesener intraglandulärer, kolloidresorbierender nh-Zellen nunmehr eine erneute Zuwanderung von großen Mengen solcher frischen Zellen in die Schilddrüse stattfindet, die das angesammelte Kolloid in kürzester Zeit zur Resorption bringen können, womit gleichzeitig klinisch eine wesentliche Verschlimmerung des Krankheitsbildes einhergeht.

Für die Behandlung des Morbus Basedow ergibt sich daraus die wichtige Folgerung: 1. Jod nur als Operationsvorbereitung kurzfristig zu geben, und zwar in genügend hohen Mengen; 2. den günstigen Zeitpunkt bei diesen Jodgaben für die Operation auszunutzen, d. h. gerade dann zu operieren, wenn die Basedowschilddrüse viele der in ihr vorhandenen, resorbierenden nh-Zellen abgestoßen und Kolloid in den Follikeln gebildet hat, keinesfalls aber zu warten, bis eine erneute Ansammlung von *nh*-Zellen stattgefunden hat und damit eine intensive Resorption des angestapelten Kolloids beginnt. Gerade hier aber liegt meines Erachtens ein Kernpunkt des „Basedowproblems": die Tendenz der nh-Zellen, in die Basedowschilddrüse einzuwandern, wird durch das Jod *nicht* beeinflußt; sie bleibt weiterhin bestehen und ist maßgeblich abhängig vom *Parasympathicus*. Die Jodwirkung aber zeigt sich auch klinisch im temporären Rückgang und nachher wieder im Anschwellen der Krankheitszeichen. Operiert man im erstgenannten Zeitpunkt, so erlebt man Gutes; operiert man im letzteren, so gefährdet man das Leben des Kranken aufs äußerste[1].

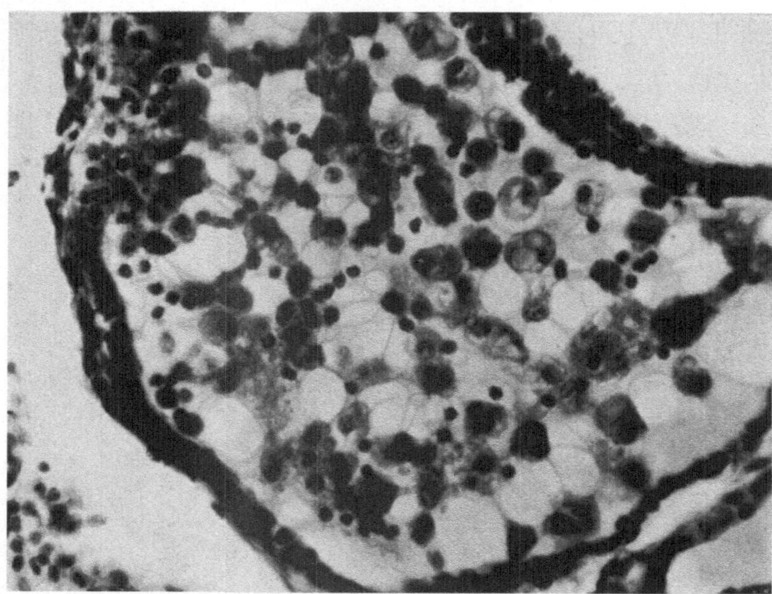

Abb. 87. Nach genügender Jodvorbehandlung resezierte Basedowstruma. Im Follikellumen Reste zugrunde gegangener nh-Zellen. Mikrophoto. Obj. D, Ok. 6. Hä.-Eos.-Präparat.

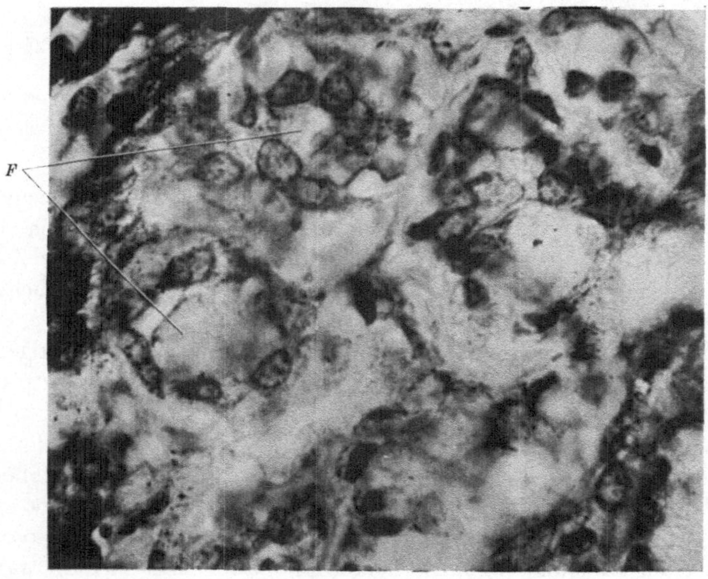

Abb. 88. Schwerster Morbus Basedow. Status „thymo-lymphaticus". Tod in der „postoperativen Reaktion". Im stark hyperplastischen Rachenring *hellkernige, epitheliale Zellen,* die sich wie Follikelzellen zueinander gruppieren (*F*). BIELSCHOWSKY-BOEKE-Präparat. Mikrophoto. Obj. D, Ok. 6.

Kommt ein solcher Patient zum Exitus, so findet man in sehr vielen Fällen nicht nur einen stark vergrößerten Thymus (s. unten), wobei der epitheliale

---

[1] *Anmerkung bei der Korrektur:* Vgl. hierüber SUNDER-PLASSMANN: Klin. Wschr. **1940 I**, 1073; Dtsch. med. Wschr. **1941**.

Anteil am meisten hyperplastisch ist, sondern ebenso auch eine Hyperplasie der lymphatischen Apparate überhaupt. In den an der Chirurgischen Universitäts-Klinik Münster nach der Basedowoperation bisher verstorbenen Fällen war ein solcher Befund fast *regelmäßig* festzustellen und für Pathologen und Kliniker gleichermaßen auffallend; Ich komme im nächsten Abschnitt darauf zurück, möchte hier aber noch mitteilen, daß sich merkwürdigerweise auch an den lymphatischen Apparaten z. B. des Rachenringes derartiger Kranker solch helle, den nh-Zellen ähnliche epitheliale Zellen nachweisen lassen, die — und das scheint wiederum beachtenswert — auch dort genau wie die nh-Zellen in der Schilddrüse eine eigenartige Neigung zu *follikulären* Bildungen entfalten (Abb. 88, *F*).

XI. Zum Basedow-Thymusproblem.

Es erhebt sich die Frage nach der Herkunft der nh-Zellen, die bei normaler Aktivierung der Schilddrüse und in der menschlichen Basedowstruma bedeutend vermehrt angetroffen werden.

Es wurde darauf hingewiesen, daß sich ein Teil der nh-Zellen auch in der normalen Ruheschilddrüse vorfindet, und zwar teils in den Follikelverbänden

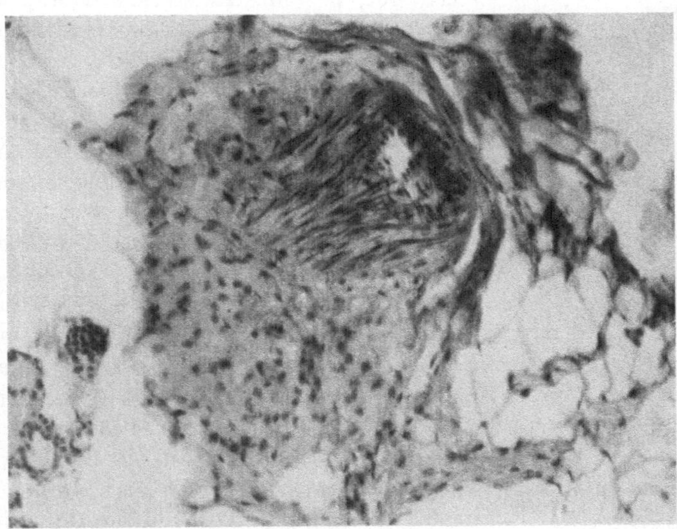

Abb. 89. Schilddrüse eines sensibilisierten Kaninchens. Man sieht, wie die kleine Arterie, die vom Thymus prätracheal zur Schilddrüse zog, von epitheloiden nh-Zellen vollständig umschwärmt erscheint. Links unten die ersten Follikel der aktivierten Schilddrüse. Hä.-Eos.-Präparat. Mikrophoto. Übersicht.

und hauptsächlich in den Interstitien. Bei der Aktivierung der Schilddrüse, die mit einem Anschwellen der Thyreocyten einhergeht, treten sofort die großen nh-Zellen so massenhaft in den Follikeln in Erscheinung, daß die Annahme einer Einwanderung neuer nh-Zellen vom *Schilddrüsenhilus* (Zentrum) aus zwingend erscheint, zumal man fast nie eine entsprechende Vermehrung der Follikelzellen innerhalb der Schilddrüse in diesem Stadium zu sehen bekommt, die für diese große Anzahl jetzt auftauchender nh-Zellen eine hinreichende Erklärung geben könnte.

Ich habe, um die Herkunft der innerhalb weniger Stunden bei der Aktivierung in der Schilddrüse vermehrt auftretenden nh-Zellen feststellen zu können, solche

Schilddrüsen mitsamt den eintretenden Gefäßen und dem umgebenden, lockeren, prätrachealen Gewebe in Paraffin eingebettet und alsdann Serienschnitte angefertigt. Dabei ergaben sich überraschenderweise engste *Beziehungen zwischen dem Auftreten der nh-Zellen in der aktivierten Schilddrüse und dem Thymusgewebe.* Die vorgenommene, reihenweise Durchuntersuchung der Schilddrüsen im Zusammenhang mit dem prätrachealen Gewebe bis zum Thymus bei all diesen Versuchstieren hat mich schließlich zu der Feststellung geführt, daß die *nh-Zellen der aktivierten Schilddrüse offenbar mit großkernigen, epitheloiden Zellen des Thymus identisch sind und von dort aus in die Schilddrüse einwandern.* Dabei scheinen sie das SCHWANNsche Plasmodium des nervösen Präterminalplexus als Leitplasma zu benutzen, wobei sie teils im Neuroreticulum des lockeren, prätrachealen Fettgewebes, teils in den perivasalen Nervenplexen vom Thymus in die Schilddrüse ziehen. Letzteres zeigt bei Übersicht das Mikrophotogramm der Abb. 89 recht gut, in dem man erkennen kann, wie das im Querschnitt getroffene Gefäß — eine kleine Arterie, die prätracheal vom Thymus zur Schilddrüse zieht — von den epitheloiden nh-Zellen in großer Menge umschwärmt und fast eingemauert erscheint. Links unten sieht man in der gleichen Abbildung die ersten Follikel der dicht anliegenden Schilddrüse.

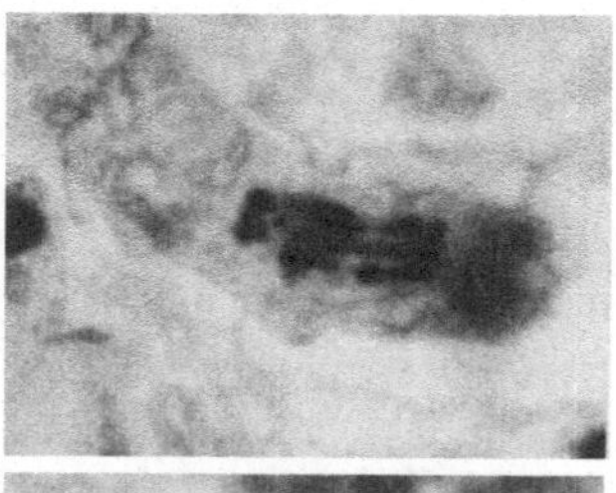
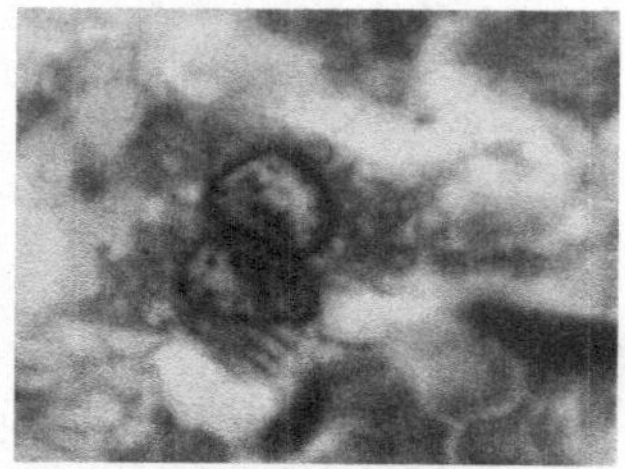
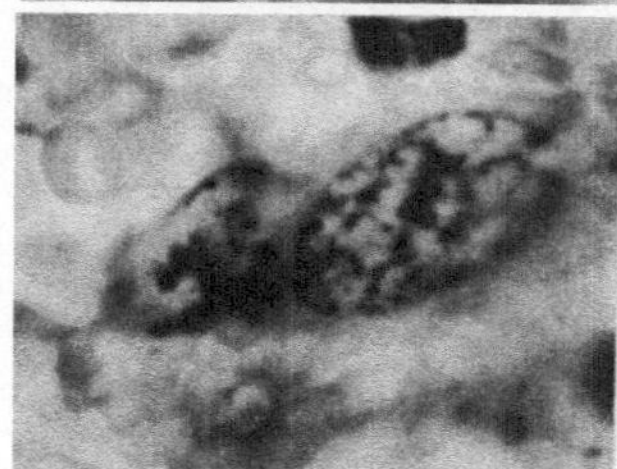

Abb. 90. Kernteilungsfiguren an nh-Zellen im perihilären Bindegewebe der Schilddrüse eines Kaninchens, das 3mal 30 MsE thyreotropen Hormons intraperitoneal erhielt. Hä.-Eos.-Präparat. Mikrophoto. Obj. $^{1}/_{12}$ mm Ölimmers., Ok. 8.

Abgesehen von diesem perivasalen Weg scheinen die nh-Zellen mit besonderer Vorliebe auch das Neuroreticulum des lockeren prätrachealen Fettgewebes auf ihrer Wanderung vom Thymus in die Schilddrüse zu benutzen. Man kann vielfach schon makroskopisch in solchen Fällen eine eigenartige, aus weißlich-granuliert erscheinendem Gewebe bestehende Kontinuität zwischen Schilddrüse und Thymus erkennen, die ich als „weiße Thymusstraße" bezeichnet habe und von der schon oben die Rede war. Genau so, wie es dort z. B. an den hochaktivierten Neugeborenenschilddrüsen in Abbildungen gezeigt ist, finden sich auch hier bei der aktivierten Erwachsenenschilddrüse in der Thymusstraße allenthalben in großen Mengen die epitheloiden nh-Zellen, weshalb sich eine nochmalige Abbildung hier erübrigt.

Betrachtet man die nh-Zellen an den beschriebenen Stellen — also außerhalb der Schilddrüse bzw. des Follikelverbandes derselben — mit stärkeren Linsensystemen, so kann man sich unschwer davon überzeugen, daß sie auf dem Wege zur Schilddrüse, ausgehend aus dem Thymusgewebe, in diesem Stadium eine unverkennbare Neigung zur Vermehrung zeigen. Im Mikrophotogramm der Abb. 90 lassen sich mehrere solcher Teilungsfiguren der großen, bläschenförmigen Kerne im Plasma der nh-Zellen ohne weiteres erkennen. Es scheint, daß dabei wiederum *parasympathische Einflüsse* von maßgeblicher Bedeutung sind.

Sind die nh-Zellen in die Follikelverbände der Schilddrüse eingedrungen, so sieht man (Abb. 91) normalerweise kaum noch Kern- oder Zellteilungen. Die Aufgabe der nh-Zellen scheint jetzt vornehmlich in der *Kolloidresorption* zu bestehen, wobei offenbar das Protoplasma des Zelleibes in erster Linie beteiligt und daher gleichzeitigen Vermehrungsvorgängen in diesem Stadium weniger Möglichkeiten gegeben sind.

Im Mikrophotogramm der Abb. 91 sieht man gut, wie die nh-Zellen mit ihren charakteristischen *hellen*, bläschenförmigen Kernen die Follikel angefüllt haben.

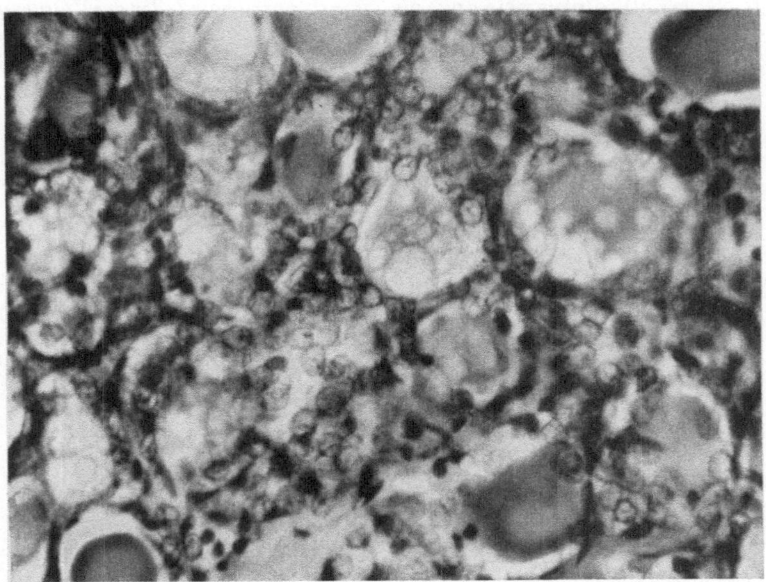

Abb. 91. Die hellkernigen nh-Zellen im Follikelverband der aktivierten Kaninchenschilddrüse. Dünnflüssiges Kolloid mit Resorptionsvakuolen. Hä.-Eos.-Präparat. Mikrophoto. Obj. D, Ok. 6.

Man kann die eigentlichen, kolloidproduzierenden Thyreocyten mit ihren dunklen, kleineren Kernen ziemlich scharf von den blaßkernigen nh-Zellen unterscheiden.

Bei länger dauernder Aktivierung der Schilddrüse z. B. durch fortgesetzte Zufuhr des thyreotropen Hormons oder infolge Sensibilisierung eines Tieres mit artfremdem Eiweiß kann man feststellen, daß kurz vor Eintritt des Schilddrüsenrefraktärstadiums durchschnittlich nach 3 Wochen die Schilddrüse und ihr Kapselgewebe prall mit nh-Zellen vollgepfropft sind. Im Gegensatz dazu sieht man den zugehörenden Thymus solcher Tiere nahezu *frei von nh-Zellen*. Der epitheloide Bestandteil des zur Schilddrüse solch sensibilisierter Tiere gehörenden Thymus ist geradezu „weggeschmolzen", wie man sich allenthalben in den entsprechenden Serienschnitten überzeugen kann. Aber auch makroskopisch kann man letzteres schon insofern feststellen, als sich z. B. bei den 3 Wochen lang sensibilisierten Tieren — im Gegensatz zu den nichtschilddrüsenaktivierten Kontrollen — statt des normalen Thymuskörpers bei der Sektion vielfach eine *gallertartige, zusammenhängende Masse vorfindet*.

Demnach ist zunächst festzustellen, daß bei experimenteller, länger dauernder Aktivierung der Schilddrüse eine *enorme Ansammlung von kolloidresorbierenden*

nh-Zellen in den Follikelverbänden der Schilddrüse stattfindet. Diese stark ver-
mehrten nh-Zellen sind allem Anschein nach aus dem Thymus als dort gebildete,
epitheloide Zellkomplexe ausgewandert, weshalb der zu solch aktivierten Schild-
drüsen gehörende Thymus des gesunden Versuchstiers fast frei von epitheloiden
Zellbestandteilen befunden werden kann.

Es wurde oben festgestellt, daß die nh-Zellen einerseits mit den Follikeln der
Schilddrüse, andererseits mit dem parasympathischen Anteil des vegetativen
Nervensystems in enger morphologischer und funktioneller Verbindung stehen,
weshalb ich die Zellkomplexe ja auch als *„neuro-hormonale Zellen des Vagussystems"*

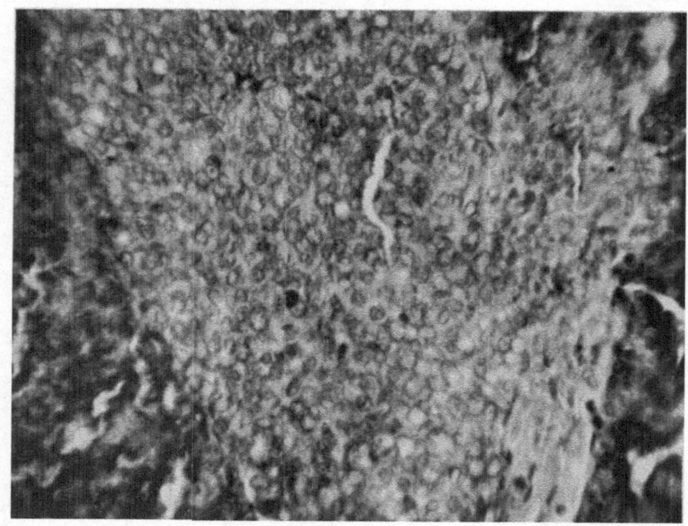

Abb. 92. Großer Komplex hellkerniger nh-Zellen im Thymus des Kaninchens, der zur aktivierten Schilddrüse der Abb. 91 gehört (s. Text). Beachte die gleichen nh-Zellen im Verband der Schilddrüsenfollikel bei Abb. 91.

bezeichnet habe, wobei die Möglichkeit einer Acetylcholinerzeugung durch das
nh-Zellsystem zur Diskussion steht. — Die nh-Zellen stellen nun nicht nur nach
einseitiger Vagusresektion die Resorption des Kolloids in der Schilddrüse größtenteils ein, es wird nach Vagotomie auch ihre weitere Abwanderung aus dem
Thymus unterbunden. Dabei muß man sich von vornherein klar sein, daß
durch Vagusresektion keinesfalls eine „Denervierung" der Schilddrüse oder des
Thymus erreicht wird: es kann sich dabei lediglich um einen am parasympathischen Anteil des vegetativen Nervensystems gesetzten, verhältnismäßig sehr
grobtatzigen Eingriff handeln, der im peripheren Neurosyncytium allerdings
eine entsprechende, zeitweilige, funktionelle Zustandsänderung zur Folge haben
muß, wobei wiederum Reaktionsart und jeweilige Verfassung des entsprechenden
Gewebes eine nicht unbedeutende Rolle spielen werden.

Alle Tierversuche, denen Untersuchungen an Schilddrüse und Thymus
zugrunde liegen, sind an gleichalterigen Tieren durchzuführen, die unter den
gleichen Lebensbedingungen gehalten werden, wobei jedesmal Kontrollen und
Versuchstiere ein und derselben Serie auszuwerten sind; die hier beschriebenen
Versuchstiere sind durchschnittlich 4—6 Monate alt.

Das Kaninchen, dessen Thymusmikrophotogramm die Abb. 92 zeigt, hat
an 2 aufeinanderfolgenden Tagen je 125 MsE thyreotropes Hormon intraperi-

toneal erhalten. Am Abend des 2. Injektionstages wurde um 18 Uhr in kurzer Urethannarkose (2,5 ccm einer 20%igen Urethanlösung) der rechtseitige Nervus vagus cervical freigelegt, auf eine anatomische kleine Pinzette gehoben und dann ohne Durchtrennung wieder an seinen Ort zurückgelegt, wonach die Wunde durch Naht geschlossen wurde. Am 3. Tag nach dem Eingriff wurde das Tier durch Nackenschlag getötet. Die Schilddrüse zeigte sich deutlich und stark

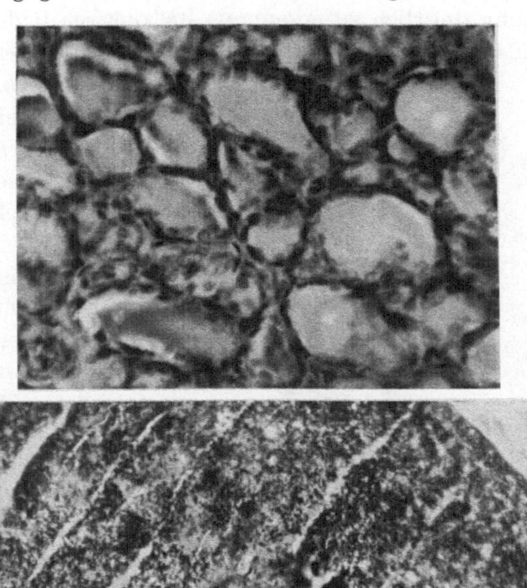

Abb. 93. Kaninchen der gleichen Versuchsreihe mit Tier der Abb. 92. Es erhielt ebenso zweimal 125 MsE thyreotropes Hormon. Statt Vagusfreilegung wurde die rechtseitige cervicale *Vagusresektion* gemacht (s. Text). Im Thymus statt der Komplexe hellkerniger nh-Zellen allenthalben Blutextravasate. Hä.-Eos. Präparat. Mikrophoto. Obj. D, Ok. 3.

aktiviert; im Thymusgewebe sieht man allenthalben *ganze Komplexe epitheloider nh-Zellen mit ihren hellen, schwer färbbaren, großen Kernen* (Abb. 92). Man vergleiche hiermit Abb. 91, wo die gleichen blassen nh-Zellen in den Follikelverbänden der aktivierten Schilddrüse zu sehen sind.

Gleichlaufend mit diesem Tier wurde übereinstimmend ein 2. Kaninchen des gleichen Wurfes mit den gleichen Gaben des thyreotropen Hormons zur selben Zeit behandelt. Am Abend des 2. Injektionstages wurde um 18²⁰ Uhr die rechtseitige cervicale Vagusresektion durchgeführt in der gleichen, einige Minuten dauernden Zeit, in der das zugehörige Geschwisterkontrolltier operiert war, unter Benutzung genau der gleichen Menge des Narkoticums. Beide Tiere erwachten sofort nach dem Eingriff und liefen umher. Auch dies 2. Tier wurde am 3. Tag danach gleichzeitig mit dem ersteren durch Nackenschlag getötet. Wie das Mikrophotogramm des Thymus dieses vagotomierten Tieres zeigt, sieht man (Abb. 93) *statt der Komplexe hellkerniger nh-Zellen ziemlich massive Blutextravasate im Thymusgewebe.* Die Extravasate waren schon makroskopisch bei der Sektion sehr deutlich zu erkennen; histologisch finden sie sich in allen Serienschnitten des Thymuskörpers vor in der Form, wie es das Mikrophotogramm der Abb. 93 zeigt. In der zugehörigen Schilddrüse sieht man noch die Zeichen der Aktivierung, aber die beginnende Ansammlung eosinophilen Kolloids in den Follikeln ist bereits festzustellen.

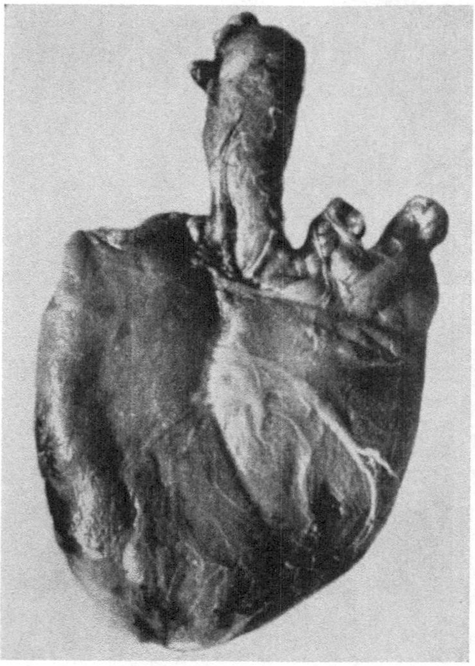

Diese Ergebnisse sprechen dafür, daß die nh-Zellen auch im Thymus in ihrem funktionellen Verhalten *parasympathischen Einflüssen* unterliegen. Ein gleiches wurde oben für die nh-Zellen im Follikelverband der Schilddrüse festgestellt. Somit sind *Schilddrüse und Thymus durch den Parasympathicus zu einem biologischen Komplexmechanismus besonderer Art verkoppelt, so daß reaktive Veränderungen des einen Organs auch gleichzeitig im anderen zur Auswirkung kommen. Dabei scheint der Thymus bis zu einem gewissen Grade der Schilddrüse untergeordnet zu sein, man könnte vielleicht sogar den Thymus als das Quellorgan der Schilddrüse bezeichnen, aus dem die letztere neue Kraftreserven, besonders in Zeiten gesteigerter Tätigkeit, bezieht. Diese Kraftreserven stellen ein morphologisch faßbares Substrat in Form ganz besonderer Zellen dar, die aus dem Thymus in die Follikelverbände der Schilddrüse wandern. Es sind die „neuro-hormonalen Zellen des Vagussystems", die für eine Schilddrüsenmehrleistung von ausschlaggebender Bedeutung sind.*

Abb. 94. Schwerer Morbus Basedow. Der vom Jugulum aus entfernte Thymuskörper ließ links von der Mittellinie nur den „fingerförmigen" Fortsatz am oberen Pol erkennen (s. Text!). Nach Luxation unschwere Entfernung des Organs. (Nach von Haberer, 1934.)

Meine diesbezüglichen Ergebnisse bestätigen somit die Vermutungen von Klose (1929), Aschoff (1935) und Hanke (1937), die angeben, daß anscheinend unter dem Einfluß des vegetativen Nervensystems eine Umstellung von Thymus und Schilddrüse beim Basedow im Sinne einer „Epithelisierung" erfolge. Dagegen kann ich auf Grund meiner Ergebnisse *nicht* die Ansicht derer teilen, die in der Thymushyperplasie einzig und allein eine „kompensatorische Maßnahme" des Organismus erblicken.

Ich glaube keineswegs, daß mit der Auffindung der nh-Zellen die ganze Thymusfunktion geklärt ist: es bleibt vor allem noch die Aufgabe der Thymuslymphocyten zu klären, zu denen die *nh*-Zellen in irgendeinem besonderen symbiotischen Verhältnis zu stehen scheinen. Auf Grund von vielfachen Beobachtungen unter verschiedenen Versuchsbedingungen bin ich zu der Ansicht gekommen, daß den Thymuslymphocyten wahrscheinlich eine Art von „Speicherfunktion" zukommt: sie können die nh-Zellen scheinbar in ihrer Tätigkeit der Inkreteinsonderung irgendwie hemmen und würden demgemäß als ein Schutzorgan aufzufassen sein[1].

Für die chirurgische Therapie schwerer Basedowfälle ergibt sich unbedingt eine Bestätigung der Ansicht VON HABERERs, KLOSEs und SAUERBRUCHs, die für einen schädigenden Einfluß des hyperplastischen Thymus eintreten und ihn demgemäß entweder mitresezieren oder vor der Strumaresektion durch Röntgenbestrahlung reduzieren, worauf das Thymusgewebe gut anspricht. Daß nicht in allen Fällen von M. Basedow eine Thymushyperplasie vorhanden sein *muß,* ergibt sich nach dem in diesem Abschnitt Dargelegten von selbst. Daß aber auch bei dem hyperplastischen Basedowthymus gewebliche Verbindungen zur Schilddrüse vorkommen, entnehme ich einem Präparat SCHMIEDENs, das KLOSE (1912), abbildet und dem hier wiedergegebenen Präparat VON HABERERs, wo ein nach oben ziehender „fingerförmiger Fortsatz" zu sehen ist (Abb. 94).

XII. Die nh-Zellen in histogenetischer Betrachtung.

Im ersten Abschnitt über die embryonale Entwicklung der Schilddrüse habe ich darauf hingewiesen, daß sich schon ziemlich frühzeitig am dorsalen Teil der Schilddrüsenanlage eigenartige helle, großkernige Epithelzellen mit breiten Plasmaleibern erkennen lassen; es wurde weiter gezeigt, daß sich die hellkernigen Zellen im frühembryonalen Stadium besonders reichlich in Nähe der Thymusanlage vorfinden und dort durchaus den Eindruck erwecken, als zögen sie in das Thymusgewebe hinein. Ich habe diese Zellen schon dort mit „*nh*" in den Abb. 5, 10, 11, 16, 17, 20, 21 bezeichnet, weil ich der Überzeugung bin, daß sie den späteren *nh*-Zellen entsprechen.

Während die Schilddrüsenanlage frei von nh-Zellen ist zu einer Zeit, wo sie im Thymus bereits zu sehen sind, sieht man in späteren Stadien der Tragezeit, wie die nh-Zellen immer mehr die Neigung entwickeln, in die Epithelstränge und die sich bildenden Follikel der Schilddrüsenanlage einzudringen. Sie finden sich dann in größeren Zellkomplexen bereits am dorsalen Teil der Anlage, dem späteren Schilddrüsenhilus.

Um die Mitte der Tragezeit und besonders gegen Ende derselben sieht man nun ganz deutlich, wie die nh-Zellen mehr und mehr in die kolloidgefüllte Schilddrüse eindringen, um zur Zeit der Geburt dort in großen Massen angetroffen zu werden und ihre kolloidresorbierende Tätigkeit zu entfalten[1]. Oben zeigte ich, daß die nh-Zellen dabei in Schwärmen aus dem epitheloiden Thymusgewebe entlang entweder der direkten Gewebskontinuität von Thymus- und Neugeborenenschilddrüse oder der „weißen Thymusstraße", d. h. dem lockeren, prätrachealen Fettgewebe im Neuroreticulum des SCHWANNschen Plasmodiums zur Schilddrüse zu wandern scheinen.

---

[1] *Anmerkung bei der Korrektur:* Vgl. hierüber SUNDER-PLASSMANN: Zum Basedow-Thymusproblem II. Dtsch. Z. Chir. **253**, 435 (1940).

Ich konnte des weiteren beobachten, daß die nh-Zellen in ihrem funktionellen
Verhalten dabei weitgehend *parasympathischen Einflüssen* unterliegen, und daß
der Parasympathicus Schilddrüse und Thymus zu einem biologischen Komplexmechanismus besonderer Art verkoppelt, dessen wesentlichster Bestandteil die
nh-Zellen zu sein scheinen.

Welcher endgültigen Herkunft die nh-Zellen sind, habe ich bis zur Stunde
nicht entscheiden können. Bekanntlich ist das nicht einmal für den Sympathicus
selber klargestellt, den die einen
vom Ektoderm, die anderen vom
Mesoderm ableiten. Ich neige allerdings dazu, in den nh-Zellen *ekto-
dermale* Elemente zu erblicken, die
auf Grund ganz besonderer anlage-
gemäßer Zellpotenzen einmal eine
ausgesprochene hormonale Resorp-
tionseigenschaft, zum andern aber
eine besonders innige Abhängigkeit
vom *parasympathischen* Anteil des
vegetativen Nervensystems auf den
Weg bekommen, was mich veranlaßt
hat, sie als „*neurohormonale*" Zellen
zu bezeichnen.

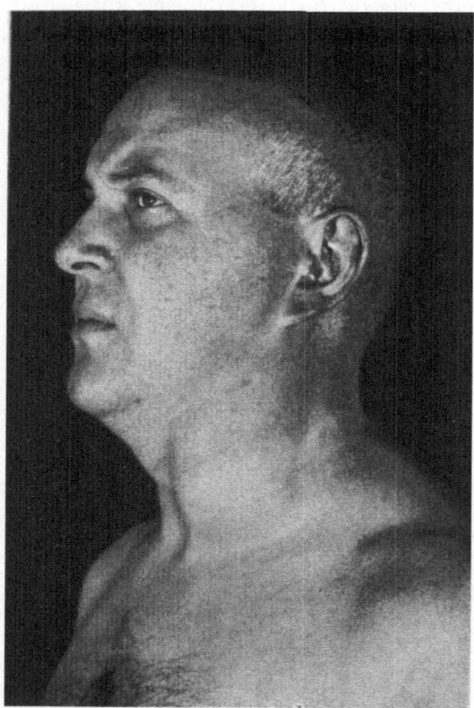
Abb. 95. 35jähriger Mann. *Thymusgeschwulstbildung am Hals.*

Jedenfalls scheint aber diesen
besonderen Gewebselementen eine
ungeahnte, vielgestaltige Zellpotenz
(Acetylcholin-Bildung?) innezuwoh-
nen, wobei eine eigenartige, vielleicht entwicklungsgeschichtlich noch
irgendwie bedingte Affinität nicht
nur zu den branchiogenen Organen,
sondern überhaupt zum endokrinen System zu bestehen scheint.
Außer an der Schilddrüse ist mir
ihr eigenartiges Verhalten zunächst noch in Thymus und Epithelkörperchen
sowie der Hypophyse und den Inseln des Pankreas aufgefallen, aber es
fanden sich dabei auch bereits Anhaltspunkte, daß dieser Mechanismus einer
„*transcellulären Inkreteinsonderung*" ganz allgemein für die Biologie der endokrinen Drüsen von Bedeutung zu sein scheint, eine Fragestellung, die uns
noch weiterhin sehr intensiv beschäftigen wird.

Da die nh-Zellen zunächst bei diesen „Basedowstudien" im Zusammenhang mit Thymus und Schilddrüse unser Interesse wachriefen, ist es mir zum
Schluß meiner Ausführungen eine besondere Freude, über den klinischen Fall
einer gutartigen *Thymusgeschwulst* am Hals zu berichten, die zum Teil aus
nh-Zellen, zum Teil aus regelrechtem Thymusgewebe besteht.

Es handelt sich um einen 35jährigen Mann, dessen Vater an Zucker, dessen
Mutter an Gallenleiden starb („Vagusorgane"). Er selbst hatte mit 13 Jahren
Scharlach, später Rheumatismus und Grippe. Seit Jahren war er heiser. Vor
einem Jahr bemerkte er an der linken Halsseite eine Anschwellung, die langsam

immer größer wurde. Sie machte ihm zunächst keine weiteren Beschwerden, jedoch fiel ihm auf, daß er seit dieser Zeit merkwürdig starke Schweißausbrüche bekam. Muskelermüdung hat er nicht beobachtet. Abb. 95 zeigt das Lichtbild des Kranken, und man erkennt deutlich die Geschwulstbildung vornseitlich, links am Hals. Laryngoskopisch zeigte sich die „linke Arygegend etwas nach vorn verlagert gegenüber der rechten (Ohrenklinik). Normale Stimmbandbewegungen; das Lumen des Kehlkopfes ist nicht eingeengt."

Die Geschwulst erweist sich bei der Palpation als glattrandig, derb und auf der Unterlage verschieblich. Beim Schlucken bewegt sie sich nicht deutlich mit.

Beim Husten tritt sie stärker hervor. Die Haut über ihr ist gut verschieblich. Die Luftröhre ist auf dem Röntgenbild etwas nach rechts verlagert.

Bei der Operation am 23. 11. 37 (H. COENEN) zeigt es sich, daß der Tumor eine ziemlich glatte Oberfläche hat, jedoch finden sich hier sehr feine bis feinste Nervenfäserchen, die aus der Tiefe der seitlichen Halspartie kommen und in die Geschwulst eindringen scheinen. Der Tumor selbst reicht ebenso am unteren Ende mit einem Zapfen in die Tiefe dem Mediastinum zu, wobei sich das Ende dieses Zapfens nicht sicher darstellen läßt, da an dieser Stelle die Geschwulst einreißt und sich etwas

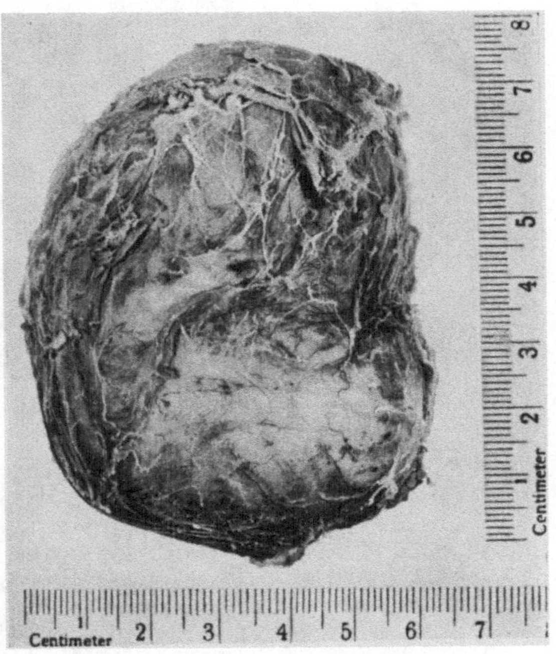

Abb. 95 a. Herausgenommener Tumor der Abb. 95.

dünne, hellgraue Masse entleert. Der herausgenommene Tumor (Abb. 95 a) ist männerfaustgroß, man erkennt auch auf dem Lichtbild die Nervenfäserchen der Oberfläche. Der Patient wurde am 3. 12. 37 geheilt entlassen.

Histologisch sieht man, daß es sich um schilddrüsennahes, geschwulstmäßig wachsendes Thymusgewebe handelt, an dem man stellenweise die Differenzierung in „Rinde und Mark" gut erkennen kann (Abb. 96), wobei letzteres aus den hellen, epitheloiden Zellen besteht. An anderen Stellen sieht man deutliche Neigung zur Bildung „frischer HASSALscher Körperchen", die wiederum aus zusammengeballten, hellkernigen nh-Zellen bestehen (Abb. 97). An verschiedenen Stellen bemerkt man, wie im Thymusgewebe die nh-Zellen regelrechte Follikel bilden wie in der Schilddrüse (Abb. 98). Derartiges hat man kürzlich scheinbar auch im normalen Thymus von anderer Seite beobachtet und teils als „Drüsenausführungsgänge", teils als Zeichen für die „wirklich sekretorische Natur der Thymusdrüse" angesprochen. Ich glaube, daß man damit an dem Kern des Thymusproblems vorbeisieht und die Thymusforschung in einer kaum ersprießlichen Richtung betreibt. Ich sehe in diesen scheinbaren epithelialen „Drüsenausführungsgängen" des Thymus weiter nichts als eine den

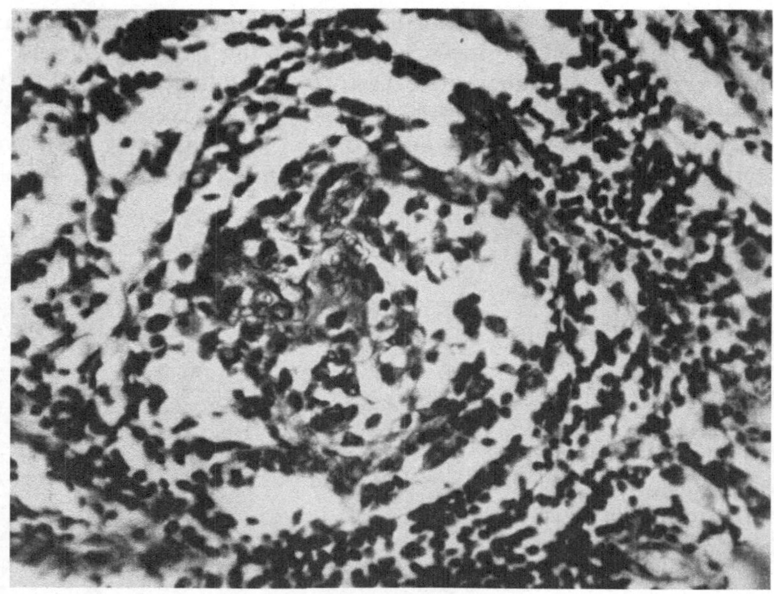

Abb. 96. *Thymustumor am Hals.* Lymphozytäre „Rinde" und epitheloides „Mark". Hä.-Eos.-Präparat
Mikrophoto. Obj. D, Ok. 6.

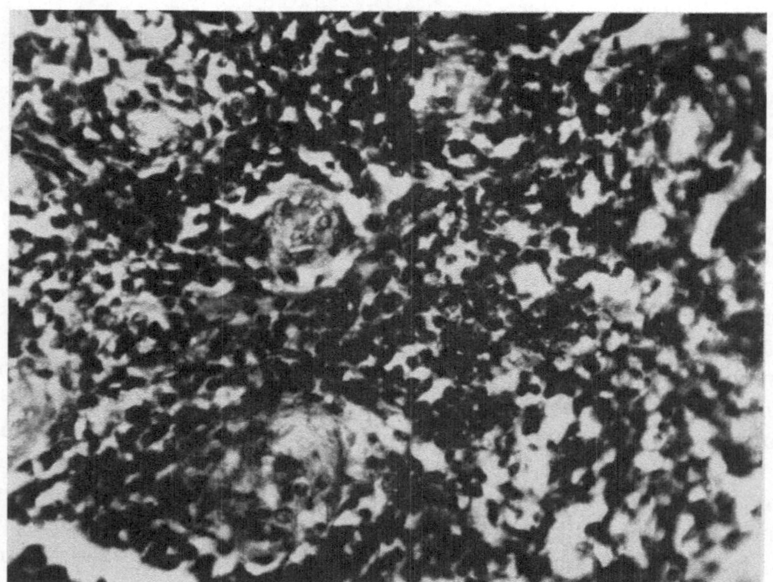

Abb. 97. *Thymustumor am Hals.* „Frische" Hassalsche Körperchen aus zugrunde gehenden, zusammengeballten nh-Zellen bestehend. Hä.-Eos.-Präparat. Mikrophotogr. Obj. D, Ok. 6.

neurohormonalen Zellen des Vagusssytems *anlagegemäß innewohnende Neigung zur Bildung von Zellkomplexen,* die denen der Schilddrüsenfollikel in der Form

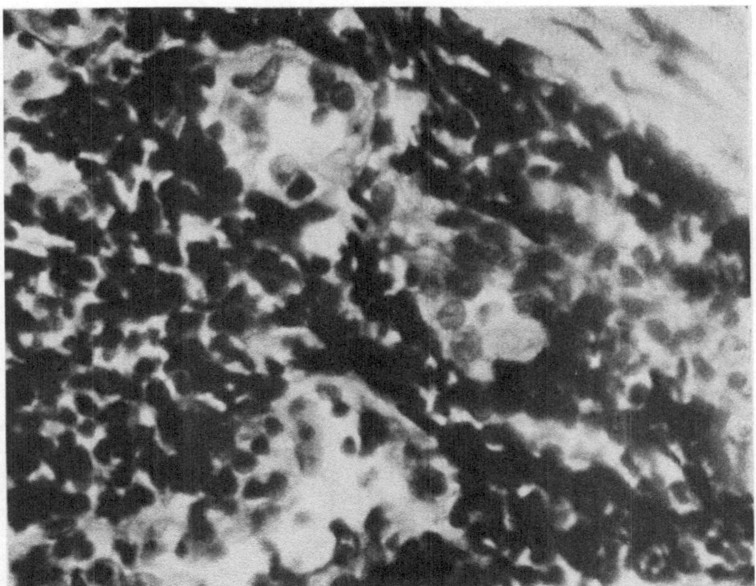

Abb. 98. *Thymustumor am Hals*. „Follikelbildungen" der epitheloiden nh-Zellen inmitten der Thymuslymphocyten. Hä.-Eos.-Präparat. Mikrophoto. Obj. D, Ok. 6.

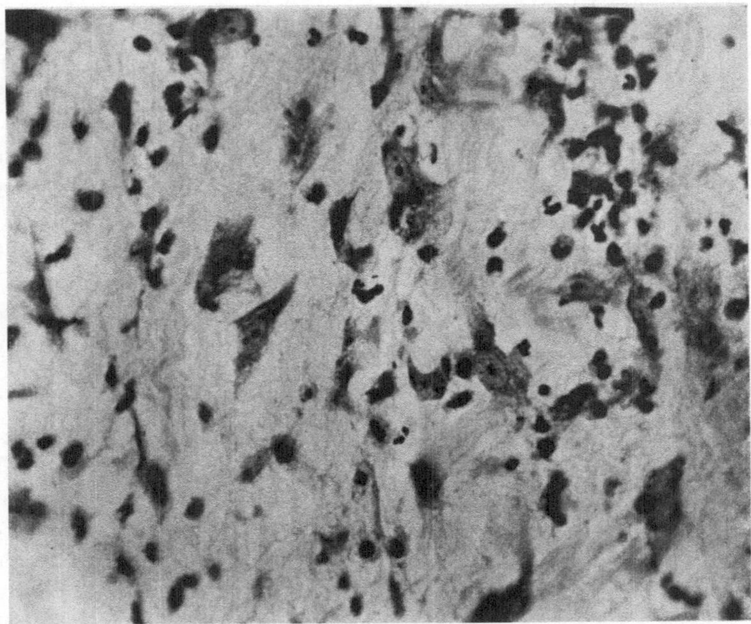

Abb. 99. *Thymustumor am Hals*. Das NISSL-Bild zeigt nh-Zellkomplexe, die wie sympathische Ganglienzellen
aussehen (s. Text). Mikrophoto. Obj. D, Ok. 6.

nahestehen und auf entsprechenden histologischen Querschnitten Bilder zeigen
können, die den Eindruck eines „Drüsenausführungsganges" hervorzuzaubern
vermögen.

Außerhalb des Thymusgewebes finden sich in der erwähnten Geschwulst die nh-Zellen in höchst interessanten Bildungen, wie es z. B. Abb. 99 von einem

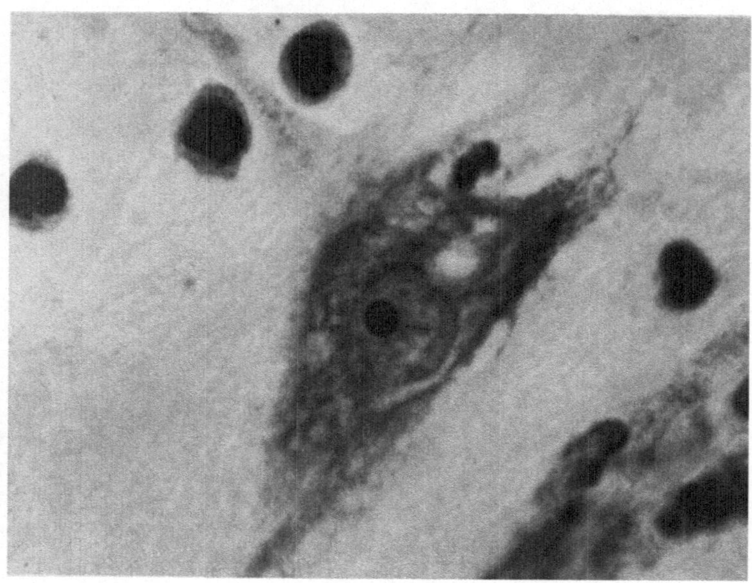

Abb. 100. *Thymustumor am Hals.* Wie eine multipolare sympathische Ganglienzelle aussehende nh-Zelle im NISSL-Bild. Mikrophoto. Obj. $^1/_{12}$ mm Ölimmers., Ok. 8.

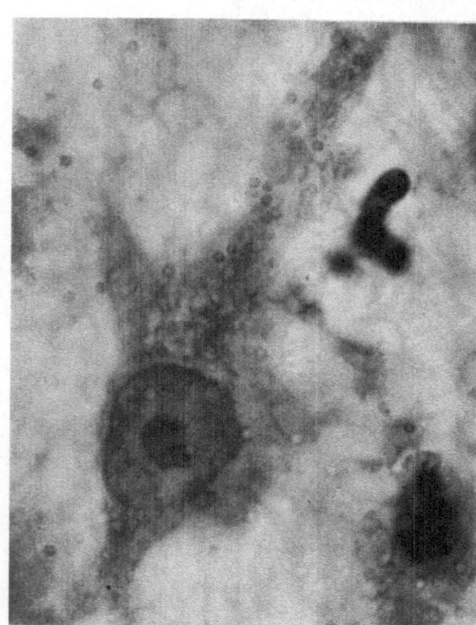

Abb. 101. *Thymustumor am Hals.* NISSL-Bild. Bläschenförmiger Kern mit Kernkörperchen und Kernmembran einer wie eine sympathische Ganglienzelle aussehenden nh-Zelle. Mikrophoto. Obj. $^1/_{12}$ mm Ölimmers., Ok. 8.

derartigen Zellkomplex und Abb. 100 und 101 von derartigen Einzelzellen zeigt. Es handelt sich um NISSL-Bilder des genannten Tumors; man könnte zunächst der Meinung sein, in diesen photographierten Zellen regelrechte, multipolare sympathische Ganglienzellen vor sich zu haben. Indessen sind es solche nicht, sondern vielmehr Abkömmlinge der beschriebenen epitheloiden nh-Zellen, deren Übergang zu jener Form im Tumor sich allenthalben nachweisen läßt. Es zeigt sich anscheinend auch hier, daß diesen Zellen eine ursprünglich tief veranlagte „nervöse Potenz" innewohnt, die sie bei geschwulstmäßigem Wachstum zu solchen „Ganglienzell"-Formen überhaupt befähigt. Man könnte fast meinen, daß die nh-Zellen sich in einer Art von „*Dualismus*" befinden; sie dienen einerseits der Hormonresorption, andererseits stehen sie in engster Abhängigkeit funktionell, morphologisch und auch vielleicht noch irgendwie weiterhin entwicklungsgeschichtlich vom *vegetativen Nervensystem,* das möglicherweise ein gemeinsames *Urzellenstadium* mit ihnen teilt.

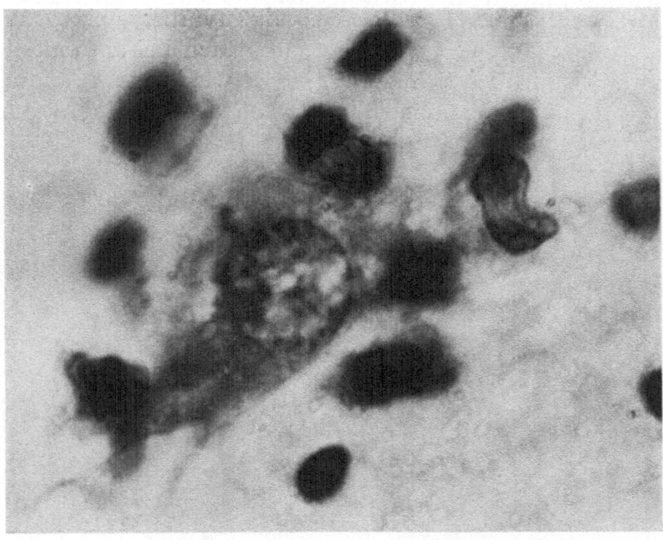

Abb. 102. *Thymustumor am Hals.* Nissl-Bild. Wie eine sympathische Ganglienzelle, umgeben von ihren „Trabantzellen", erscheint die nh-Zelle. Die „Trabantzellen" sind hier *Thymuslymphocyten.* Man beachte in diesem Fall den *granulierten,* bläschenförmigen Kern mit deutlicher Kernmembran. Mikrophoto. Obj. $^{1}/_{12}$ mm Ölimmers., Ok. 8.

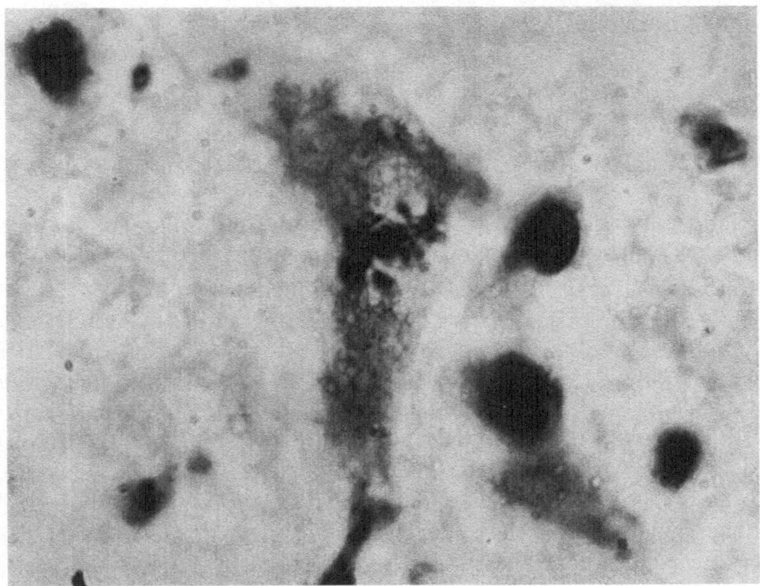

Abb. 103. *Thymustumor am Hals.* „Monaster"-Stadium einer einzelnen nh-Zelle. Hä.-Eos.-Präparat. Mikrophoto. Obj. $^{1}/_{12}$ mm Ölimmers., 8 Ok.

Das Mikrophotogramm der Abb. 102 zeigt noch deutlicher eine solche nh-Zelle dieses Tumors, dem Aussehen nach als sympathische Ganglienzelle,

umgeben von ihren „Trabantzellen". Letztere stellen hier aber keine Mantel- oder
SCHWANNsche Kerne dar, sondern sind in diesem Fall als gewöhnliche Thymuslymphocyten zu betrachten. Es macht sich somit im geschwulstmäßigen Wachstum der nh-Zellen eine *symbiotische Tendenz* mit Thymuslymphocyten bemerkbar,
die ja normalerweise im Thymus vorliegt, aber auch bei allen möglichen Reaktionen hier wie auch in der Schilddrüse immer wieder zum Ausdruck kommt;
oben wurde beim „Schilddrüsenfeinbau" schon darauf hingewiesen.

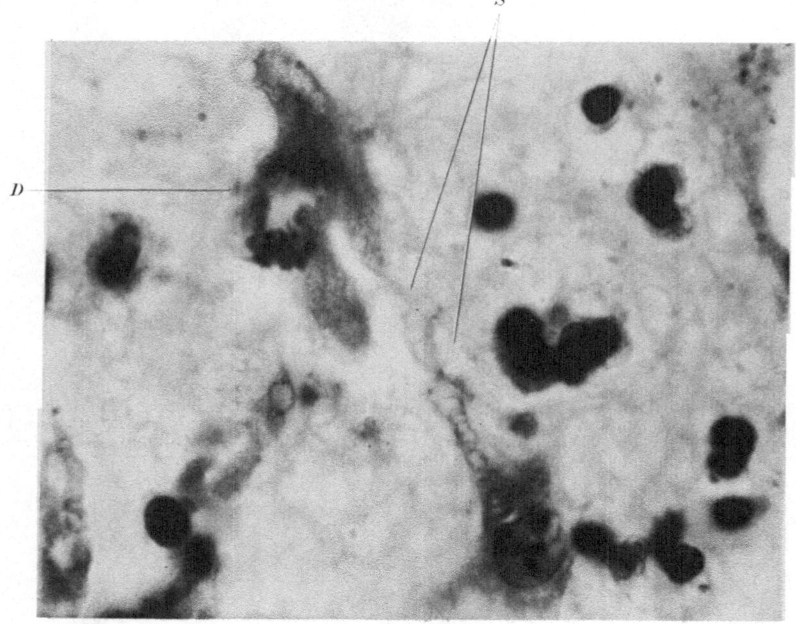

Abb. 104. *Thymustumor am Hals.* „Dyaster"-Stadium der einen nh-Zelle (*D*), syncytialer Zusammenhang mit
einer zweiten (*S*). Hä.-Eos.-Präparat. Mikrophoto. Obj. $^1/_{12}$ mm Ölimmers., Ok. 8.

Hier im geschwulstmäßigen Wachstum der nh-Zellen kann man sehr schöne
Stadien der Vermehrung zu Gesicht bekommen. Abb. 103 zeigt einen recht
schönen „*Monaster*", Abb. 104 einen nicht minder schönen „*Dyaster*". Schließlich sei noch auf die ausgesprochene Neigung der nh-Zellen zum *syncytialen*
bzw. *plasmodialen Zusammenhang* hingewiesen. Das sieht man bei den
nh-Zellen des Tumors (Abb. 104, *S*) deutlich. Aber der *syncytiale Zusammenhang* ist nicht minder klar auch bei den normalen nh-Zellen jederzeit nachweisbar, ja man kann die syncytiale Verbindungsweise der breiten Plasmaleiber
neben den anderen Kennzeichen geradezu als ein weiteres Charakteristikum
für die „*neurohormonalen Zellen des Parasympathicus-Systems*" bezeichnen.
Es kommen auch Geschwülste der nh-Zellen *innerhalb der Schilddrüse* vor,
und ich glaube, daß es notwendig sein wird, nach diesem Gesichtspunkt bestimmte
Formen der Schilddrüsentumoren zu ordnen.

Da an unserem Material nh-Zellen in kolloidreichen Strumen nur selten anzutreffen waren, andererseits aber Fälle zur Beobachtung kommen, in denen bei
Frauen zur Zeit des Klimakteriums schwere *vasomotorische Störungen* mit merk-
würdigen Druckerscheinungen im Mediastinum und im Bereich ihrer Strumen

angetroffen werden, so würden die Befunde aktiv-resorbierender nh-Zellen in solchen Strumen — von den Amerikanern als „Cardiotoxic goiter" bezeichnet — dafür sprechen, daß diese nh-Zellregenerate von für gewöhnlich verborgen gebliebenen nh-Zellresten der Schilddrüse oder aber von solchen des meist stark entwickelten Thymus ihren Ausgang nehmen. Dabei werden in diesen Fällen zweifellos hypophysäre Einflüsse eine Rolle spielen, möglicherweise eine durch gestörte Ovarialfunktion ausgelöste Mehrproduktion von thyreotropem Hormon im Sinne LOESERs. Ob jenem Wirkstoff auch eine Bedeutung bei der Entstehung von Schilddrüsentumoren zukommt, ist noch gänzlich unklar, wenn-

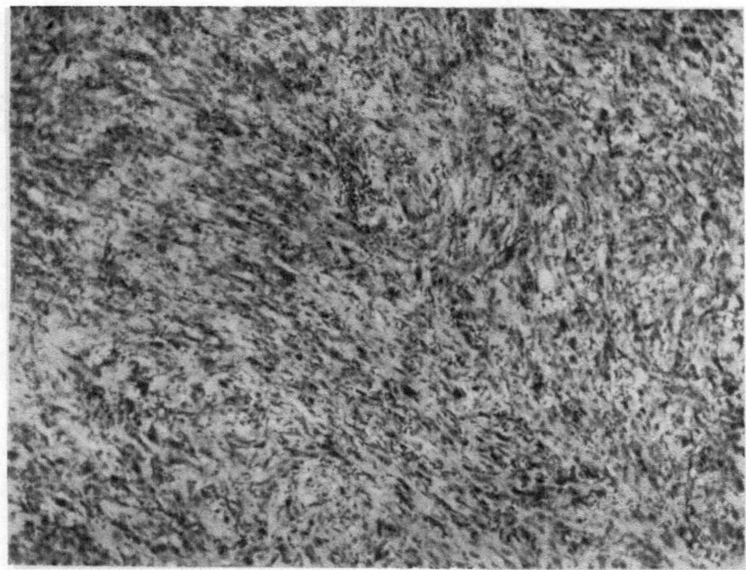

Abb. 105. „Maligner" Schilddrüsentumor einer 59jähriger Frau, der von hilusnahen, außerhalb des Follikel-verbandes befindlichen nh-Zellen seinen Ursprung nimmt. Übersicht.

gleich im Zusammenhang mit Störungen von seiten des Nervensystems solches denkbar wäre.

Wie es scheint, können die nh-Zellen — von den soliden, kleinzelligen car-cinomatösen Neubildungen der Thyreocyten sehe ich zunächst ab — 2 ziemlich verschiedene Tumorarten innerhalb der Schilddrüse erzeugen. Das Wesentliche scheint dabei zu sein, ob die Neubildung von den nh-Zellen ausgeht, *bevor sie im Follikelverband sich befinden,* oder ob die Tumorbildung von seiten solcher nh-Zellen zustande kommt, die *sich bereits im Follikelverband befinden. Die Tätigkeit aktiver nh-Zellen im Follikelverband (Kolloidresorption nach eventuell vorangehender Acetylcholinproduktion) scheint dabei den bedeutsamen Wendepunkt im Leben der einzelnen nh-Zelle darzustellen.*

Kommt es zur geschwulstmäßigen Entartung von nh-Zellen, die noch nicht im Follikelverband im obigen Sinne aktiv tätig waren, so entstehen sehr eigenartige Tumoren der nh-Zellen, von denen der folgende zunächst näher beschrieben sei, der von einer 59jährigen Frau stammt. Wie das Übersichtsbild der Abb. 105 zeigt, handelt es sich um einen *soliden Tumor, der nirgends Zeichen einer Follikelbildung aufweist.* Man sah bei der Operation, daß er allem Anschein nach von der linken trachealen *(Hilus-)* Seite der Schilddrüse seinen Ausgang genommen hatte, um dann nach innen in die Schilddrüse einzudringen, deren Läppchenbildung im Tumorbereich nirgends mehr zu erkennen war. Man hat den Eindruck, als habe *der Tumor das Schilddrüsengewebe verdrängt.* Wie schon die Abb. 105 erkennen läßt, handelt es sich um einen Tumor, der vorwiegend 2 Bestandteile aufweist: sehr *großblasige Zellen,* die allenthalben von *Lymphocyten* umgeben sind. Es scheint sich also auch hier — wie oben erwähnt — im geschwulstmäßigen Wachstum der nh-Zellen die symbiotische Tendenz mit Lymphocyten durchzusetzen. Keinesfalls handelt es sich um eine Strumitis im

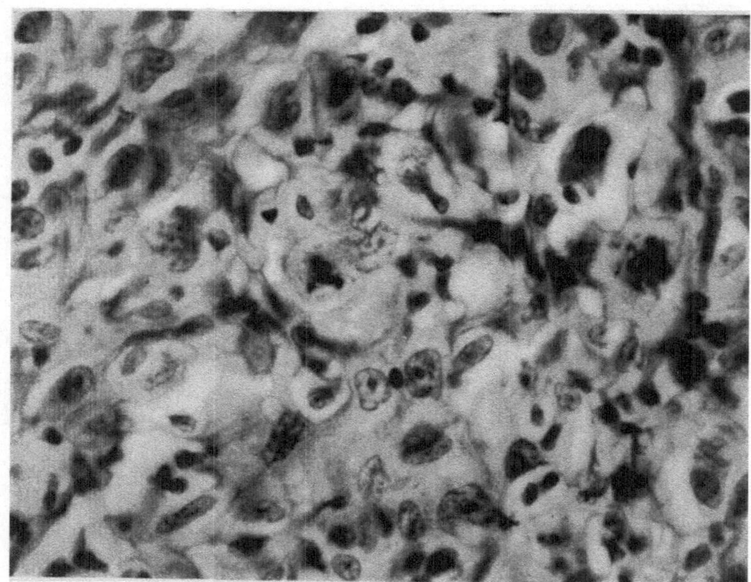

Abb. 106. Dasselbe wie Abb. 105; bei stärkerer Vergrößerung erkennt man die großblasigen Tumorzellen.

Sinne RIEDELs oder HASHIMOTOs. Denn stärkere Vergrößerungen zeigen sofort die außerordentlich *zahlreichen Mitosen der großblasigen Tumorzellen.* Dabei kommt es an vielen Stellen zu sehr großen Zellbildungen mit lockerem Chromatingerüst (s. Abb. 106—108). An manchen Stellen sieht der Tumor merkwürdigerweise aus wie ein großzelliges Sarkom (Abb. 111). Besonders betonen möchte ich, daß sich nirgends Anzeichen dieser großblasigen Zellen zum Durchbruch in die Gefäße finden; auch ergab sich klinisch *kein Anhalt für Metastasen*[1]. Ich halte es für durchaus möglich, daß nh-Zelltumoren dieser Klasse trotz ihrer „Bösartigkeit", die man ihnen auf Grund des Zellbildes zusprechen muß, nicht so „maligne" sind, wie sie im feingeweblichen Bild tatsächlich erscheinen! —

Es sei erwähnt, daß es gelingt, ähnliche Zellbilder an nh-Zellen experimentell beim Tier zu erzeugen. Das Kaninchen der Abb. 109, 110, 112 wurde in der üblichen Weise (s. o.) sensibilisiert, danach vagotomiert und erhielt alsdann an 3 aufeinander folgenden Tagen je 30 MsE thyreotropes Hormon intra-

---

[1] Der Tumor zeigte ein ausgesprochen *langsames* Wachstum; die Patientin gab an — und ich habe mir das eigenst vom Hausarzt bestätigen lassen —, daß ihr Hals in den letzten 10 Jahren „*langsam* dicker geworden sei".

peritoneal. Wie man sieht (Abb. 109, 110), haben sich die außerhalb des Follikelverbandes befindlichen nh-Zellen der Schilddrüse dieses Tieres in *großblasige Zellen mit sehr lockerem Chromatingerüst umgewandelt.* Stellenweise kommen

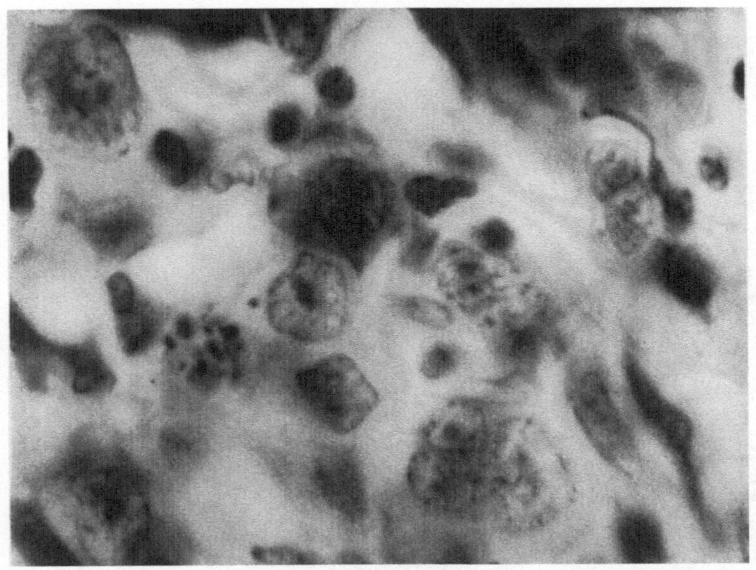

Abb. 107. Dasselbe wie Abb. 105; Ölimmersion zeigt die großblasigen, mitosenreichen Tumorzellen.

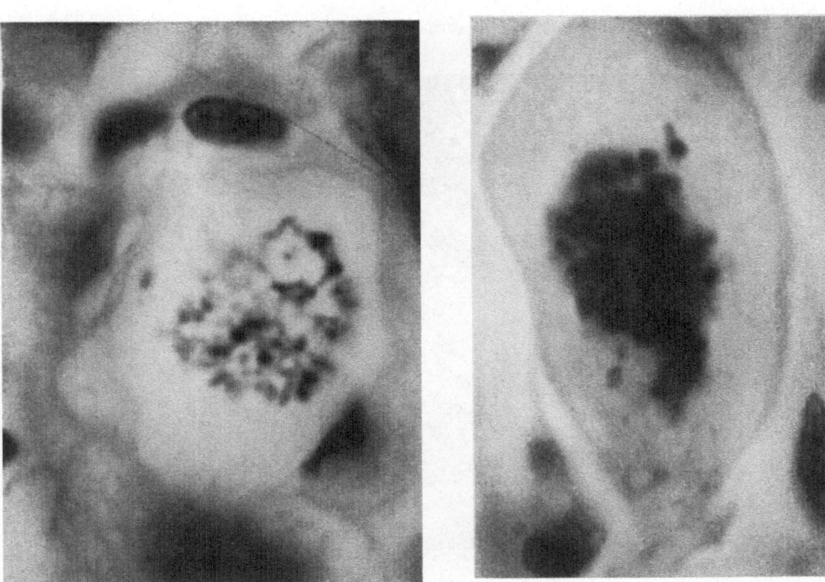

Abb. 108. Dasselbe wie Abb. 105; einzelne der „malignen", großblasigen Tumorzellen bei 2000facher Vergrößerung.

ähnliche Mitosen, die man normalerweise nur selten an nh-Zellen sieht, zu Gesicht, wie sie im oben beschriebenen Tumor zu sehen sind, und es ist sehr merkwürdig, daß sich an verschiedenen Stellen des interfollikulären und

9*

perihilären Gewebes Bilder finden, die ähnlich wie an bestimmten Stellen des Tumors (vgl. Abb. 111) auch bei diesem Tier an großzellige Sarkombilder erinnern (Abb. 112). Es braucht wohl nicht betont zu werden, daß von einer Gleichstellung der experimentellen Befunde mit der menschlichen Tumor-

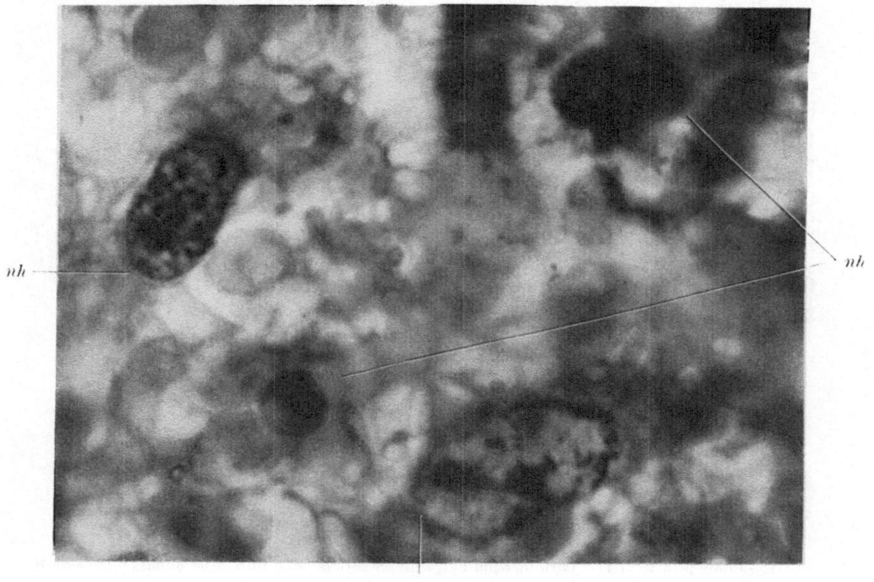

Abb. 109. Experimentell erzeugte, großblasige nh-Zellen der Kaninchenschilddrüse (s. Text).

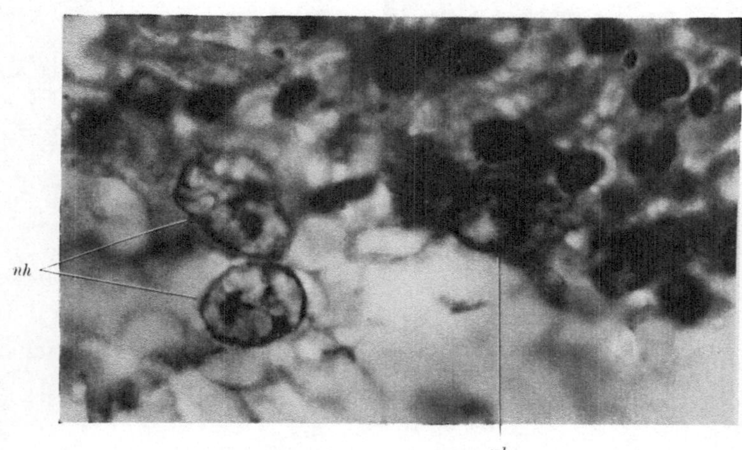

Abb. 110. Dasselbe wie Abb. 109; beachte das Chromatingerüst der nh-Zellen.

pathologie in keiner Weise die Rede sein soll! Aber es zeigen die Ergebnisse die außerordentliche Reaktionsbreite und Plastizität der nh-Zellen und vielleicht können sie darauf hindeuten, daß auch in der menschlichen Tumorpathologie an den nh-Zellen der Schilddrüse Störungen *hormonaler und nervaler Art* vorliegen.

Ganz andere Tumoren bilden die nh-Zellen in nodösen Strumen, wenn die Entartung einsetzt, nachdem sie bereits im Follikelverband tätig waren. Einen

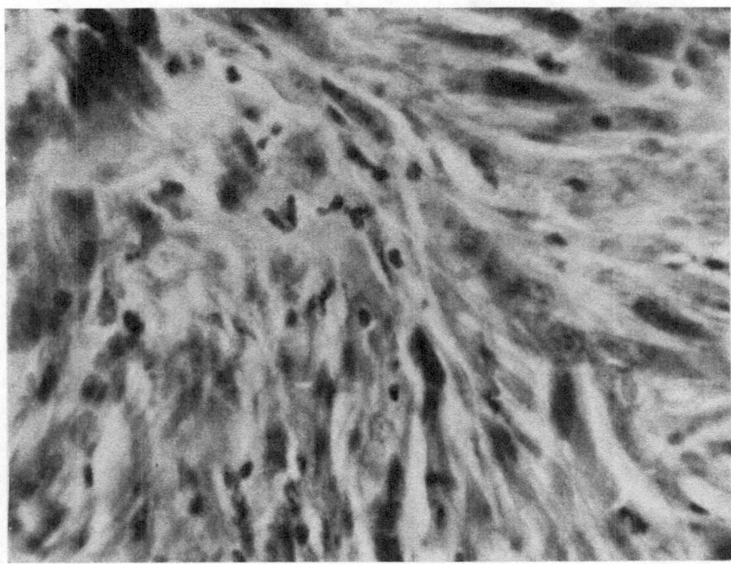

Abb. 111. Stelle aus dem nh-Zelltumor der Abb. 105—108, die wie ein großzelliges Sarkom aussieht.

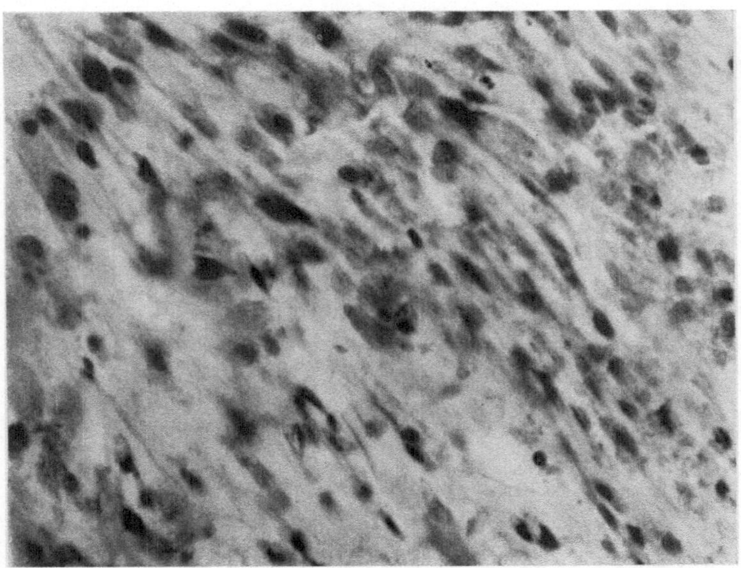

Abb. 112. Stelle aus der Schilddrüse des Kaninchens der Abb. 109 und 110 mit experimentell veränderten hn-Zellen, die der äußeren Form nach an ein Sarkom erinnern kann (s. Text).

solchen Fall zeigt Abb. 113. Hier behalten die nh-Zellen deutlich auch im geschwulstmäßigen Wachstum die Neigung zur Follikelbildung bei; die Follikel sind *kolloidfrei*. Man erkennt zahlreiche *Mitosen* und sieht, daß neben großen hellen nh-Zellen sich auch solche mit dunklen Kernen und eingeknitterten Kernmembranen befinden (Abb. 114, 115). Die letzteren sind zu den *Onkocyten*

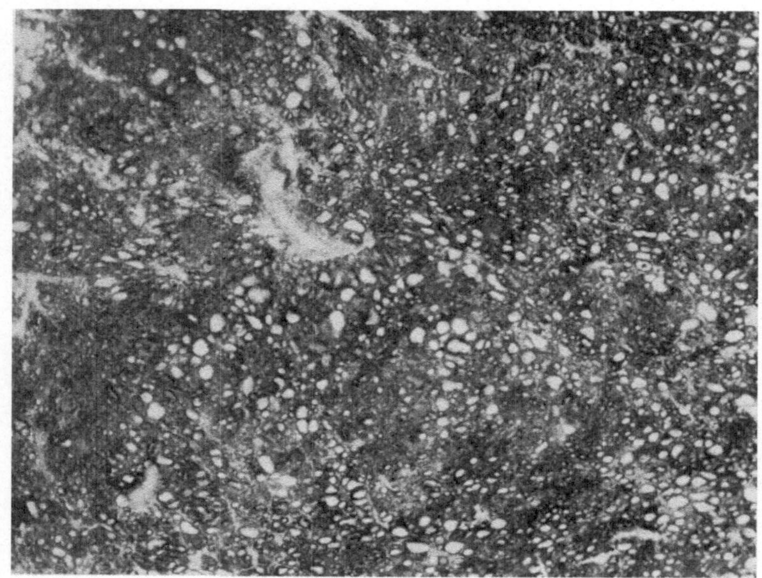

Abb. 113. „Maligner" Schilddrüsentumor einer 40jährigen Frau, der von nh-Zellen innerhalb des Follikelverbandes ausgeht. Übersicht.

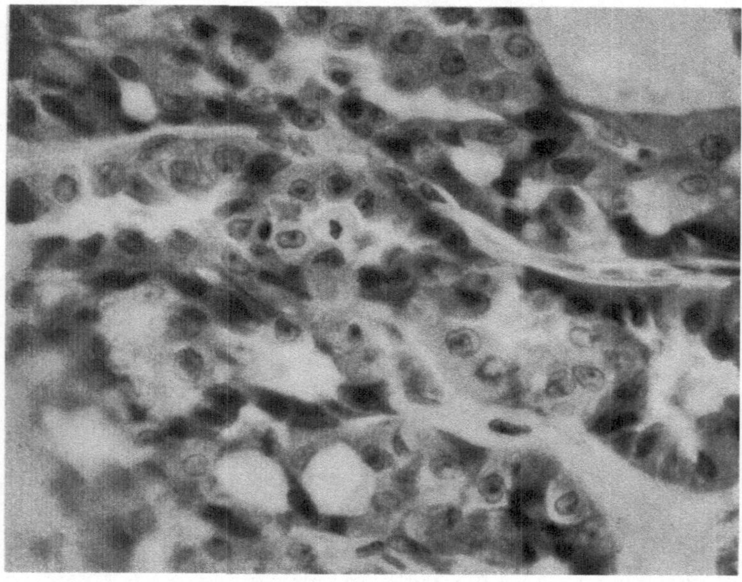

Abb. 114. Dasselbe wie Abb. 113. Stärkere Vergrößerung zeigt neben den hellen nh-Zellen auch solche mit dunklem Kern und eingeknitterter Kernmembran („Onkocyten").

(s. oben) zu rechnen; sie zeigen an, daß die nh-Zellen des Follikelverbandes auch im geschwulstmäßigen Wachstum ein ziemlich *labiles Zellsystem* darstellen; man erkennt das auch noch im Präparat der Abb. 116 und besonders der Abb. 117, sieht aber andererseits auch gerade in den beiden letztgenannten Abbildungen die außerordentliche Neigung der hellen nh-Zellen zum polypösen *Wachstum* und

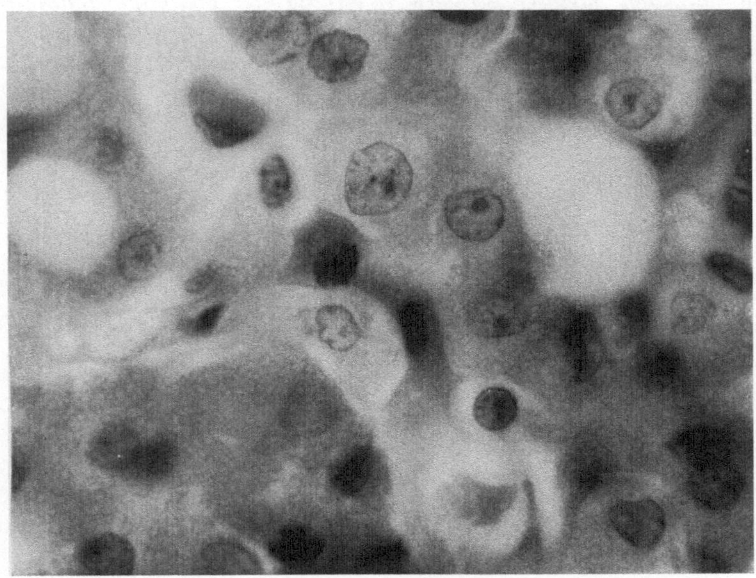

Abb. 115. Dasselbe wie Abb. 114 bei stärkerer Vergrößerung.

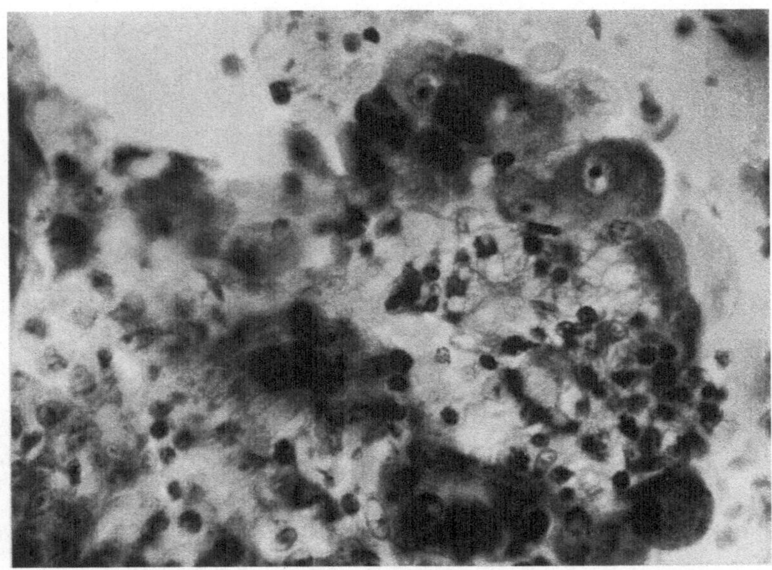

Abb. 116. Dasselbe wie Abb. 113 bei stärkerer Vergrößerung (s. Text). — Rechts oben „polypöses" Wachstum, darunter Onkocytenbildung.

andererseits zur Onkocytenbildung. Jene „malignen" nh-Zellen, die sich also aus dem nh-Zellsystem *innerhalb des Follikelverbandes* ableiten, entfalten — genau wie ihre gutartigen Urbilder in aktivierten Schilddrüsen (vgl. Abb. 69!) —

allenthalben die Neigung, in die muskelfreien Gefäßwandungen der Schilddrüsen einzudringen (Abb. 118). Letzteres kann natürlich leicht zur Verschleppung der Tumorzellen und somit zu *Metastasen* führen. Demnach wären Tumoren,
die von *nh-Zellen nodöser Strumen innerhalb des Follikelverbandes ausgehen,*

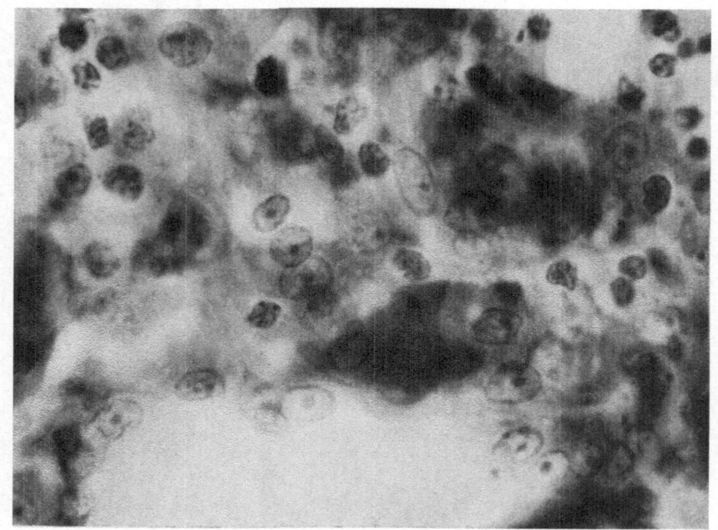

Abb. 117. Dasselbe wie Abb. 113 bei stärkerer Vergrößerung (s. Text).

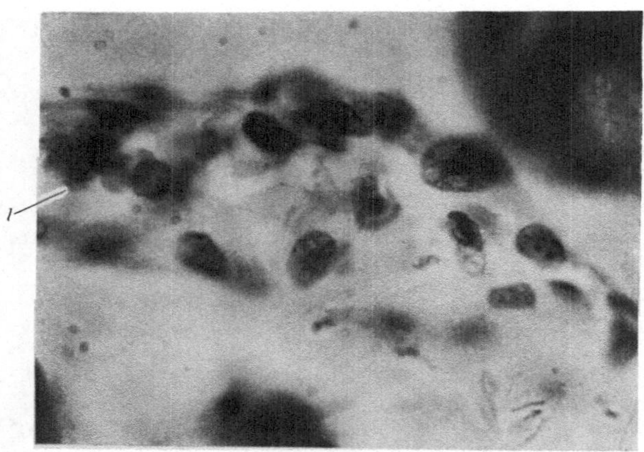

Abb. 118. Eindringen mitosenreicher nh-Zellen in die Wandung eines muskelfreien Schilddrüsengefäßes.
Dasselbe wie Abb. 113, stärkere Vergrößerung. *l* Lumen des muskelfreien Gefäßes mit Erythrocyten.

*relativ als „bösartiger" zu bezeichnen gegenüber denjenigen, die von nh-Zellkom-
plexen am Schilddrüsenhilus bzw. solchen nh-Zellen ausgehen, die sich noch nicht
im Follikelverband befanden.* Da die nh-Zellen einen morphologischen Bestandteil des *Parasympathicus* und vornehmlich des *Nervus vagus* darstellen, so
könnte ich mir denken, daß gemäß ihrer neuro-hormonalen Natur bei der
Auswahl des Ortes ihrer neuen Ansiedlung nach Verschleppung auf dem
Blutwege *chemotrope Einflüsse des Vagus* eine Rolle spielen. Deshalb muß

es besonders interessieren, daß im eben geschilderten zweiten Fall tatsächlich bereits mit Wahrscheinlichkeit Hirn-Metastasen angenommen werden können. Die 40jährige Patientin war nämlich mit Verdacht auf *Hirntumor* zur Nervenklinik (Prof. Dr. F. KEHRER) eingewiesen. Dort hatte sie angegeben, daß sie seit 1 Jahr unter zunehmender Übelkeit und Brechneigung litt, nachdem sie erstmalig 1939 längere Zeit starker Insolation ausgesetzt gewesen war. Sie hatte 15 Pfund an Gewicht abgenommen. Die Nervenklinik erhob unter anderem

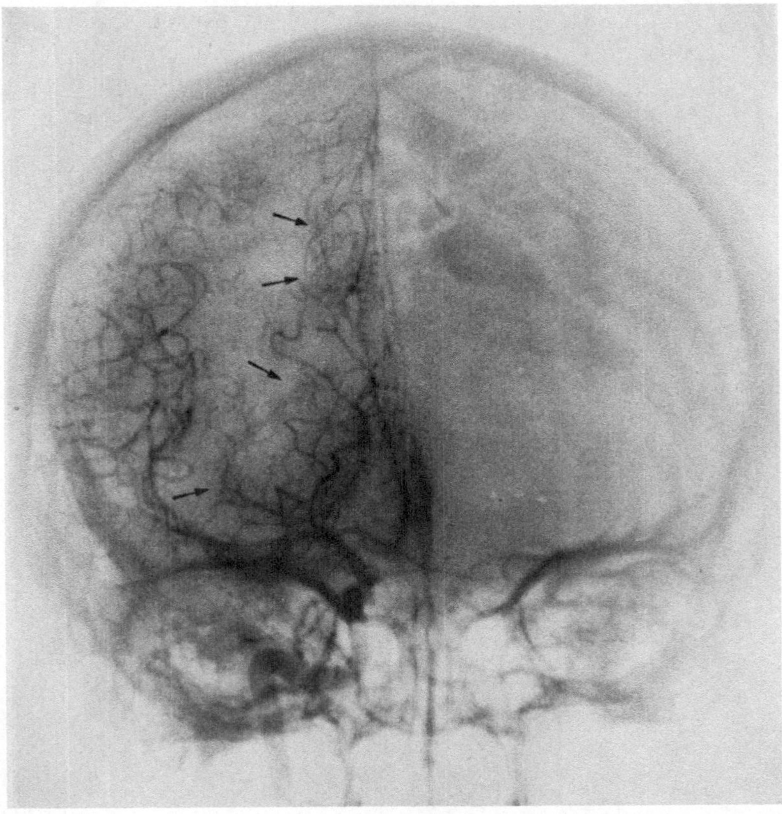

Abb. 119. Hirnarteriogramm der 40jährigen Patientin mit „malignem" nh-Zelltumor einer Struma nodosa, deren histologische Bilder in den Abb. 113—118 zu sehen sind. — Die eingetragenen Pfeile deuten auf 2 Stellen mit verstärkter Capillarrandzeichnung hin, die mit Wahrscheinlichkeit als Metastasen angesehen werden können. Eingewiesen war die Patientin mit Verdacht auf Tumor cerebri (s. Text).

folgenden, von der Norm abweichenden Befund: N. occipitalis bds. ++ (KEHRERscher Druckpunkt). Leichte Schwäche des linken Mundfacialis. Reflexe der oberen Extremitäten beiderseits gesteigert; desgleichen die der unteren Extremitäten. Grundumsatz + 57,7%. Psyche unauffällig. — Deutlich *rechtsseitiger Strumaknoten palpabel.* Blutdruck 150/100 RR. Puls: 4×23. — Blutsenkung normal. — Blutbild: normal. — Sämtliche serologischen Reaktionen negativ. — Liquor: bei der letzten Untersuchung: + Pandy, leichte Zellvermehrung und Rechtsverschiebung der G.S.R. — Ophthalmolog. (Univ.-Augenklinik, Prof. Dr. MARCHESANI): beginnende Stauungspapille, beiderseits Hämorrhagien. —

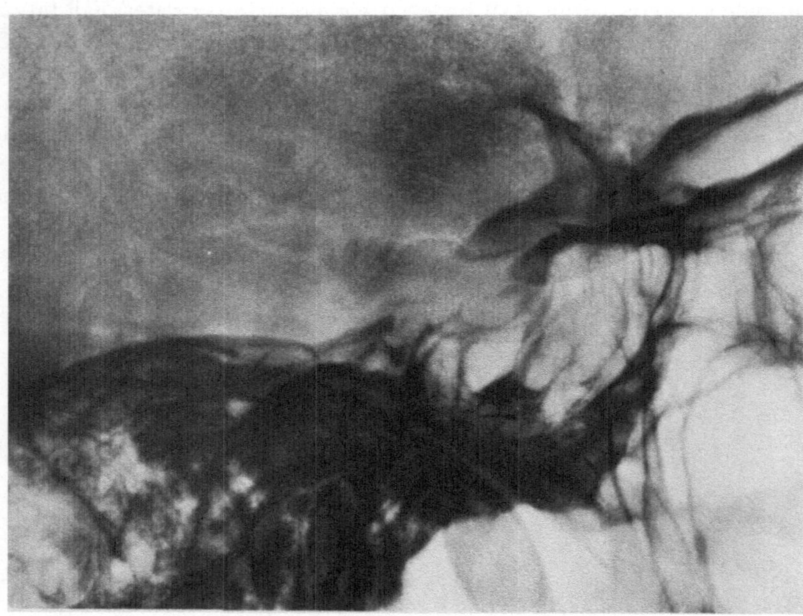

Abb. 120. Dieselbe wie Abb. 119; Leeraufnahme zeigt leichte Arrosion des Dorsum sellae.

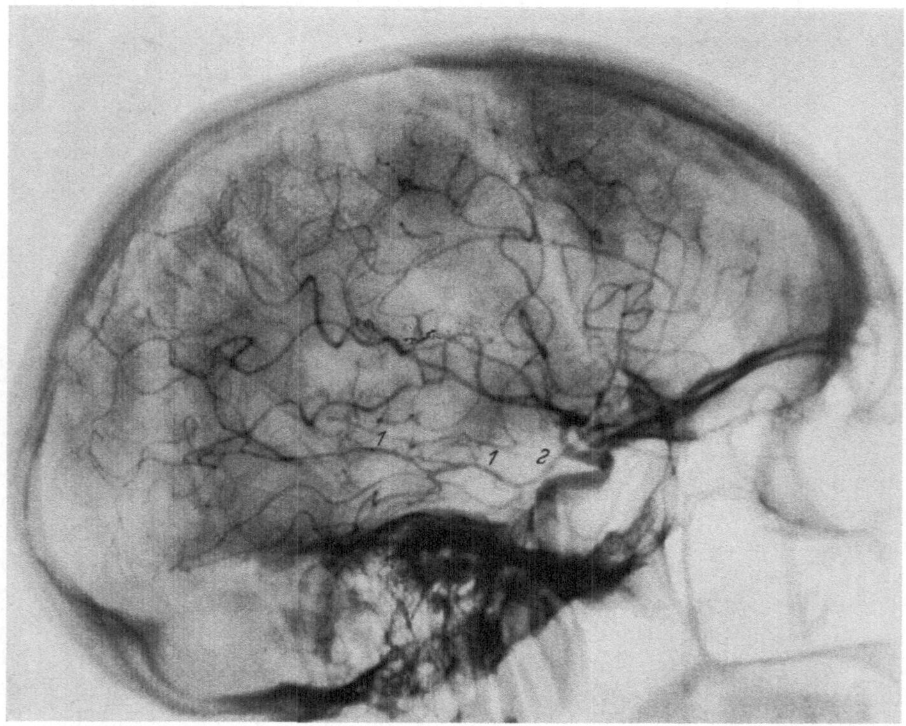

Abb. 121. Dieselbe wie Abb. 119; Seitenbild. *1* Arteria cerebri post. *2* Art communic. post.

Bei der Encephalographie (Dr. ENGELHARD-Nervenklinik) ergab sich keine Ventrikelfüllung, herabgesetzte Oberflächenzeichnung; Dorsum sellae destruiert.

Die Patientin wurde zur weiteren Klärung (Vornahme einer Arteriographie) in die Chirurgische Klinik verlegt. Bei der Arteriographie gab es insofern zunächst eine Überraschung, als nach Anfertigung der beiden Aufnahmen (Sagittal- und Seitenbild) die Kranke plötzlich über zunehmende Atemnot und Druckgefühl am Hals klagte. Nach 10 Min. stellte sich Stridor ein; ich legte daher sofort durch bogenförmige Verlängerung des Arteriographieschnittes nach medial den Strumaknoten frei: es zeigte sich, daß inmitten des gleichseitigen (rechts) *Strumaknotens eine sehr starke Blutung aufgetreten* war. Nach sofortiger Strumektomie in üblicher Form erholte sich die Patientin gänzlich und wurde nach 3 Tagen zur Nervenklinik zurückverlegt; 8 Tage später p.p. Wundheilung. — Über diese erstmalig nach vielen Angiographien von mir erlebte Form der Blutung in einen Strumaknoten werde ich noch an anderer Stelle (Zbl. Neurochir.) ausführlicher berichten, da ich diese eigenartige Form der Blutung als den Ausdruck eines Reflexmechanismus auffasse, der unter ganz bestimmten Bedingungen vom Sinus caroticus aus zustande kommt; vgl. auch die Arbeit von FISCHER und SUNDER-PLASSMANN[1]. Es sei hier lediglich noch kurz erwähnt, daß zwischen einer solchen Blutung in den Strumaknoten unmittelbar nach Injektion des Kontrastmittels (insgesamt 16 ccm Thorotrast zu 2 Aufnahmen) in den *Sinus caroticus* Zusammenhänge anzunehmen sind, die sich aus dem oben dargelegten (s. Abschnitt „Die Durchblutungsregulation der Schilddrüse" S. 44) komplizierten Reflexmechanismus zwischen Sinusrezeptorenfeldsystem und Thyreoideadurchblutung nach H. REIN, K. LIEBERMEISTER und D. SCHNEIDER ergeben.

Hier interessiert zunächst, daß die histologische Untersuchung des herausgenommenen Strumaknotens „*maligne" Entartung* ergab; es ist in den Abb. 113—118 zu sehen. Die Arteriogramme der 40jährigen Patientin lassen den schon von der Nervenklinik geäußerten Verdacht auf *Strumametastasen im Gehirn durchaus annehmbar erscheinen.* Auf dem Sagittalbild (Abb. 119) sieht man in Richtung der eingetragenen Pfeile 2 Stellen, die durch verstärkte Capillarrandzeichnung sich abheben. Die untere, größere liegt ziemlich paramedian und basal. Auf ihren Einfluß dürfte die Arrosion des Dorsum sellae zurückzuführen sein (Abb. 120), wozu jedoch ein direkter Tumordruck nicht unbedingt erforderlich ist; vgl. F. KEHRER: Allgemeinerscheinungen der Hirngeschwülste, Leipzig 1931. Die obere, kleinere Stelle liegt im Bereich der Arteria cerebri antica (Abb. 119). Interessant ist ferner, daß auf der seitlichen Aufnahme sehr schön die Arteria cerebri *postica* (Abb. 121 bei *1*) über die Art. communic. postica (*2*) zur Darstellung gekommen ist; man sieht auch die oberen Kleinhirnarterien. Über die Bedingungen, unter denen die Art. cerebri postica zur Darstellung kommt, vergleiche man die bemerkenswerten Darlegungen von MONIZ (1940)[2]. Nach FISCHER (Chirurgenkongreß 1940) kommt sie besonders in den Fällen zur Darstellung, wo Tumoren der oralen Stammganglien vorliegen und dann, wenn Tumoren durch Fernwirkung Verquellungen der basalen Cysternen hervorrufen. Dies trifft vielleicht auch für den vorliegenden Fall zu, in dem es über die Arteria communic. postica zur partiellen Darstellung des arteriellen Kreislaufes der hinteren Schädelgrube gekommen ist.

---

[1] FISCHER und SUNDER-PLASSMAN: Zbl. Neurochir. **5**, 85 (1940).
[2] MONIZ: Die cerebrale Arteriographie und Phlebographie. Berlin: Julius Springer 1940.

Es liegt nahe, die beiden beschriebenen Stellen des Hirnarteriogramms als *cerebrale Metastasen eines „malignen" Schilddrüsentumors aufzufassen, der von nh-Zellen im Follikelverband einer Knotenstruma seinen Ausgang nahm.*

Da das *nh-Zellsystem* nach meinen Darlegungen einen *integrierenden* Bestandteil des *Parasympathicus* — eines bisher mehr funktionellen bzw. „pharmakologischen" Begriffes — darstellt, liegt es nahe, nach ähnlichen „malignen", also „relativ" gutartigen Gewächsen dieses Zellsystems auch in solchen anderen Organen zu suchen, die vornehmlich dem Ausbreitungsgebiet des *Nervus vagus* angehören, womit nicht gesagt sein soll, daß jene Gewächse ausschließlich nur dort zu finden wären. Denn letzten Endes ist das Ausbreitungsgebiet des *Parasympathicus* in unserem Organismus ein universelles[1].

Schlußthesen.

Neue Untersuchungsergebnisse bestätigen und unterbauen die klinisch schon lange bekannte Tatsache von der großen Bedeutung *neurogener* Faktoren in der Basedowgenese.

Die *Thyreocyten* werden von einem feinsten *neuro-vegetativen Terminalreticulum* versorgt. Im nervösen Syncytium des Schilddrüsenparenchyms befindet sich außerdem ein ganz besonderes Zellsystem *(„nh-Zellen")*, das über den *Parasympathicus* funktionell mit den Gefäßwandzellen und den Thyreocyten verbunden ist.

Die nh-Zellen stellen innerhalb der Schilddrüse ein *kolloidresorbierendes* Zellsystem dar. Sie entsprechen vielleicht den „neurogenen Nebenzellen", die STÖHR jr. kürzlich in vegetativen Ganglien beschrieben hat und die er mit der Erzeugung von Acetylcholin in Zusammenhang bringt. Es ist durchaus möglich, daß die *nh-Zellen* innerhalb der Schilddrüse vor Einsonderung des Hormons durch Produktion eines Stoffes (Acetylcholin) das Kolloid dünnflüssig und resorptionsfähiger machen; die Einsonderung selbst scheint dann nach Art einer Phagocytose vor sich zu gehen.

Bei bestimmten Individuen mit anlagegemäß bedingter, reizbarer Schwäche und temporärer (infektiös-toxische Einflüsse, hormonale Krisen) Sensibilisierung *parasympathischer Kerngruppen des Mittelhirns* kann auf Grund eines schweren psychischen Traumas oder fortgesetzter seelischer Erschütterungen auf vegetativ-nervösem Wege unter Beteiligung der Vorderhypophyse eine *reaktive Umstellung* im Schilddrüsensystem erfolgen. Die *nh-Zellen* vermehren sich dabei sehr erheblich innerhalb der Schilddrüse; ein großer Teil derselben wandert gleichzeitig vom Thymus in die Schilddrüse, indem die perivasalen Nervenplexen und das SCHWANNsche Plasmodium als „Leitplasma" benutzt werden. Schließlich bilden die nh-Zellen innerhalb der Schilddrüse nach Art eines diffusen Adenoms ein selbständiges Parenchym. Dadurch erklärt sich einerseits die „Epithelisierung" der Basedowstruma, andererseits der therapeutische Erfolg nach operativer Verkleinerung (Resektion) des Organs.

---

[1] *Anmerkung bei der Korrektur:* Durch eine soeben von ALTMANN erhaltene Arbeit werde ich darauf aufmerksam, daß HAMPERL sog. „Karzinoide" der Bronchien und MASSON und FEYRTER ebensolche des Wurmfortsatzes beschrieben haben; ich werde auf die ALTMANNsche Arbeit und die Befunde der drei letztgenannten Autoren an anderer Stelle ausführlich zurückkommen.

Dieser Entstehungstypus entspricht dem „nervösen Vollbasedow" (SAUER-BRUCH). Es ist aber ebenso im Sinne SAUERBRUCHs möglich, daß eine reaktive Umstellung in der beschriebenen Weise durch Störungen anderer endokriner Drüsen, insbesondere der Geschlechtsdrüsen (Ovarium) zustande kommt. Dabei ist wiederum die Rolle des *nh-Zellsystems* das über das ganze Ausbreitungs-gebiet des Parasympathicus verteilt ist und auch die anderen endokrinen Drüsen umfaßt, bedeutsam. SAUERBRUCH unterscheidet außerdem noch die „Hyper-thyreosen" als primäre Schilddrüsenstörung; ich stimme ZUKSCHWERDT (1940) zu, der feststellt, daß es im Einzelfall außerordentlich schwer ist, diese letztere Abtrennung durchzuführen, zumal gerade in solchen Fällen nach G. v. BERG-MANN fließende Übergänge zur Norm bestehen.

Beim *Kolloidkropf* fehlen aktiv resorbierende nh-Zellen in der Schilddrüse fast gänzlich.

Auf solchem Mangel an nh-Zellen beruht es, daß ein schwerer, genuiner M. Basedow sich im allgemeinen nur auf dem Boden einer bis dahin *unver-änderten Schilddrüse* zu entwickeln pflegt.

Zum Wesen der *Kolloidstruma* scheint eine schwere *Degeneration im nh-Zellsystem der Schilddrüse* zu gehören, so daß keine Möglichkeit zur vermehrten Kolloideinsonderung besteht, obwohl die Hypophyse reichlich thyreotropes Hormon zu erzeugen in der Lage ist.

Bei der erhöhten chemischen Affinität des *neurotropen Vitamin B_1 zum nh-Zellsystem* wäre es sehr wohl denkbar, daß in Kropfendemiegebieten neben dem Jodmangel auch ein relativer *Vitamin B_1-Mangel* als ätiologischer Teil-faktor in Frage käme.

In besonderen Ausnahmefällen kann ein minimaler *Jodreiz* beim „euthyreoten Kropf" (BREITNER) über eine irreversible Aktivierung des nh-Zellsystems im zugehörenden Thymus zum *Jodbasedow* führen.

Die *transcelluläre Inkreteinsonderung des nh-Zellsystems* ist nicht nur dür die Schilddrüse bedeutsam, sondern scheinbar für allen anderen endokrinen Drüsen der *biologische und sie untereinander verbindende Weg einer vermehrten Hormon-abgabe an den Organismus*, wobei „glandotrope" Hormone der Vorderhypophyse einen das jeweils der endokrinen Drüse zugeordnete Organsystem der nh-Zellen des Parasympathicus aktivierenden Einfluß ausüben. Ob darüber hinaus den „glandotropen" Vorderlappenhormonen auch noch ein die Hormonproduktion der spezifischen Parenchymzellen abhängiger endokriner Drüsen stimulierender Einfluß zufällt — wie es zur Zeit als alleinige Wirkung der Vorderlappenhormone allgemein angenommen wird —, ist noch nicht sicher bewiesen. Die mit der Akti-vierung der nh-Zellen immer verbundene periphere Vasodilatation und beträcht-liche Hyperämie in den endokrinen Drüsen (lokaler Acetylcholin-Effekt ?) könnte für sich schon eine Mehrleistung bewirken und zur Erklärung ausreichen; dies um so mehr, als die *gesteigerte Hormoneinsonderung durch das nh-Zellsystem* einen wirksamen lokalen Reiz auf die spezifischen endokrinen Parenchymzellen zur vermehrten Hormonproduktion darstellen dürfte. Beobachtungen an Trans-plantaten oder Schilddrüsengewebe „in vitro" sprechen keinesfalls gegen diese Auffassung.

Die Anziehungskraft bestimmter (parasympathischer) Mittelhirnzentren für *Jod* (SCHITTENHELM und EISLER) dürfte auf der elektiven Affinität des Jods zum nh-Zellsystem beruhen. Der die Wirkungsweise des thyreotropen Hormons paralysierende Einfluß des *Jods* geht sehr wahrscheinlich über die *nh-Zellen des Zwischenhirn-Hypophysensystems.*

Die günstige, aber vorübergehende Wirkung kurzfristiger, peroraler Jodgaben beim Basedowkranken kommt über eine *Autolyse zahlreicher nh-Zellen* in der Schilddrüse zustande, die mit hochgradiger Kernpyknose und Abnahme der Resorptionsfähigkeit einhergeht, ein anderer Teil der nh-Zellen erholt sich aber und scheint unter fortgesetzter Jod-Zufuhr geradezu eine Mauserung zu erfahren, die im Thymus außerdem mit Neubildung zahlreicher nh-Zellen verbunden ist.

Das nh-Zellsystem stellt den eigentlichen Schnittpunkt des Basedow- und Kropfproblems dar.

Literaturverzeichnis.

ABBOT and PRENDERGAST: Canad. med. Assoc. J. **36**, 228 (1937).
ABDERHALDEN u. GELLHORN: Pflügers Arch. **199**, 320 (1923).
ABELIN: Schweiz. med. Wschr. **1918 II**.
ADAMS: J. of exper. Biol. **10**, 247 (1933).
ALEXANDROV: Arch. russ. d'Anat. etc. **9**, 171 (1930).
ALLARA: Anat. Anz. **80**, 401 (1935).
ANDERSON: Arch. Anat. u. Entw.gesch. **1894**, 177.
ARON: C. r. Soc. Biol. Paris **94**, 275 (1926); **105**, 581 (1930).
ASCHOFF: Kropfkongreß Bern 1927. Klin. Wschr. **1935 I**, 395.
ASHER u. FLACK: Z. Biol. **55**, 83 (1910).
— u. PFLÜGER: Z. Biol. **87**, 115 (1920).
— u. v. RODT: Zbl. Physiol. **26**, 223 (1912).
— u. WÄCHTER: Z. Biol. **88**, 227 (1928).
ASKANAZI: Dtsch. Arch. klin. Med. **61**, 118 (1898).
BABER: Phil. Trans. roy. Soc. Lond. **166**, 557 (1876).
BADERTSCHER: Amer. J. Anat. **23**, 89 (1918).
BARGMANN: Beitrag zum Handbuch der mikroskopischen Anatomie des Menschen. Berlin 1939.
BEAUFAYS: Arch. Gynäk. **164**, 624 (1937).
BENAZZI: Arch. ital. Anat. **30**, 452 (1932).
BENSLEY: Anat. Rec. **8**, 431 (1914).
BERGMANN, G. v.: Funktionelle Pathologie. Berlin 1938.
BERKLEY: Hopkins Hosp. Rep. **4**, 117 (1894).
BOEKE, J.: Z. mikrosk.-anat. Forsch. **34**, 330 (1933); **35**, 551 (1934); **38**, 554 (1935).
BORN: Arch. mikrosk. Anat. **22**, 271 (1883).
BOZZI: Beitr. path. Anat. **18** (1895).
BRÄUCKER: Anat. Anz. **56**, 225 (1922).
BREITNER: Beitr. klin. Chir. **157**, 633 (1933).
— Arch. klin. Chir. **191**, 754 (1938).
— Dtsch. med. Wschr. **1938 II**, 1764.
BUCCIANTE e MASPES: Arch. ital. Anat. **27**, 419 (1930).
BURGET and CRISLER: Amer. J. Physiol. **83**, 373 (1927).
CASTRO, DE: Trav. Labor. Recherch. biol. Univ. Madrid **25**, 331 (1928); **27**, 237 (1933).
CHVOSTEK: M. Basedow und Hyperthyreosen. Berlin 1927.
CLOSS, LOEB and McKAY: J. of biol. Chem. **96**, 588 (1932).
COLLIP and ANDERSON: Lancet **1934 I**, 76.
CRISAFULLI: Boll. man. Accad. Catania **25** (1892).
CRISAN: Z. Anat. **104**, 327 (1935).
CYON, v.: Pflügers Arch. **70**, 126 (1898); **75**, 42 (1898).
DAUBENSPECK: Z. orthop. Chir. **68**, 139 (1938).
DEMUTH: Arch. exper. Zellforsch. **13**, 329 (1932).
DOHRN: Mitt. zool. Stat. Neapel **7**, 301 (1888).
DUSTIN et GÉRARD: C. r. Soc. Biol. Paris **85**, 876 (1921).
EGGERT: Z. Zool. **146**, 687 (1934).
— Morphologie und Histologie der normalen Schilddrüse. Leipzig 1938.

EICKHOFF, W.: Virchows Arch. **303**, 481 (1939).
EITEL: Dtsch. Z. Chir. **242**, 377 (1934).
— KREBS u. LOESER: Klin. Wschr. **1933** I, 615.
ELKES: Der Bau der Schilddrüse zur Zeit der Geburt. Königsberg 1903.
ENDERLEN u. BOHNENKAMP: Dtsch. Z. Chir. **200**, 129 (1927).
FAURE: Zit. nach EGGERT.
FELDBERG u. SCHILF: Arch. f. exper. Path. **124**, 94 (1927).
FERGUSON: Amer. J. Anat. **11**, 151 (1911).
FISCHEL: Entwicklung des Menschen. Berlin 1929.
FLORENTIN: C. r. Soc. Biol. Paris **109**, 865 (1933).
FRIEDGOOD: J. of Pharmacol. **53**, 46 (1935).
FUKUJAMA: Zit. nach SETO.
GEYER: Z. klin. Med. **124**, 168 (1933).
GODWIN: Anat. Rec. **66**, 233 (1936).
GRAB: Arch. f. exper. Path. **167**, 310, 414 (1932).
HABERER, V.: Dtsch. Z. Chir. **242**, 77 (1934).
HAMMAR: Die normale morphologische Thymusforschung. Leipzig 1936.
HANKE: Chirurgie und innere Sekretion. Berlin 1938.
HARTING: Z. mikrosk.-anat. Forsch. **35**, 631 (1934); **45**, 104 (1939).
HARTROCH: Klin. Wschr. **1932** II, 1224.
HAYASI: J. of orient. Med. **27**, 1 (1937).
HEERWYNGHELS, VAN: C. r. Soc. Biol. Paris **107**, 1560 (1931).
HEIDENHAIN: Anat. Anz. **54**, 141 (1921).
HELLBAUM: Anat. Rec. **67**, 53 (1936).
HERING, H. E.: Die Sinusreflexe auf Herz und Gefäße. Dresden 1926.
HESSELBERG: Frankf. Z. Path. **5**, 322 (1910).
HEYMANS: Arch. internat. Pharmacodynamie **269**, 307, 334 (1929/30).
HISSELBERGER: C. r. Soc. Biol. Paris **106**, 234 (1931).
HOLST: Zit. nach SAEGESSER.
HOPKINS: J. Morph. a. Physiol. **58**, 585 (1935).
HORNE: Lancet **1892** II, 1213.
HOUSSAY u. Mitarb.: Rev. Soc. argent. Biol. **8**, 170 (1932).
HUERTHLE: Arch. of Physiol. **56**, 1 (1894).
INGRAM: Anat. Rec. **46**, 233 (1930).
ISELIN: Helvet. med. Acta **1937**, 654.
ISENSCHMID: Frankf. Z. Path. **5**, 205 (1910).
ISHIMARU: Fol. anat. jap. **4**, 13 (1926).
JANSSEN u. LOESER: Arch. f. exper. Path. **163**, 517 (1930).
— — Klin. Wschr. **1931** II, 2046.
JAQUES: Bibliogr. Anat. **5**, 189 (1897).
JOHN: Arch. f. Dermat. **178**, 607 (1939).
JUNKMANN u. SCHOELLER: Klin. Wschr. **1932** II, 1176.
KALLIUS, F.: Verh. anat. Ges. **1903**, 35.
KINGSBURY: Amer. J. Anat. **18**, 329 (1915); **56**, 445 (1935).
KLOSE: Neue deutsche Chirurgie, Bd. 44, S. 1. 1929.
KLUMPP u. EGGERT: Z. Zool. **146**, 329 (1934).
KÖLLIKER: Zit. nach BARGMANN.
KOHN: Zit. nach EGGERT.
KOLMER: Anat. Anz. **50**, 271 (1917).
KRAUS u. FRIEDENTAL: Berl. klin. Wschr. **1908** II, 1709.
KRAUS, E.: Beitr. path. Anat. **82**, 291 (1929).
KRAYER: Arch. f. exper. Path. **171**, 473 (1933).
— u. SATO: Arch. f. exper. Path. **128**, 67 (1928).
KRINSKAJA: Frankf. Z. Path. **43**, 41 (1932).
KULL: Anat. Rec. **32**, 133 (1926).
KUX: Virchows Arch. **294**, 358 (1935).
LIEB u. HEYMANN: Amer. J. Physiol. **63**, 68, 83 (1922/23).
LIEBERMEISTER: Klin. Wschr. **1932** II, 1636.
LIVINI: Arch. ital. Anat. **18**, 522 (1922).

LIVINI: Anat. Anz. **34**, 468 (1909).
LOEB and BASSET: Proc. Soc. exper. Biol. a. Med. **27**, 490 (1930).
LOESER: Klin. Wschr. **1937 I**, 913..
LUNA: Monit. zool. ital. **43**, 247 (1933).
MACCHIARULO: Riv. ital. Ginec. **11**, 357 (1930).
MAJOR: Amer. J. Anat. **9**, 475 (1909).
MAURER: Bei SEMON: Zoologische Forschungsreisen. Jena 1899.
MEANS: Thyroid and its diseases. London 1937.
MEIJLING: Acta neerl. Morph. norm. et path. **3**, 193 (1938).
MODELL: Anat. Rec. **55**, 231 (1933).
MÜLLER, W.: Z. ges. Naturwiss. **7** (1873).
NONIDEZ: Anat. Rec. **56**, 131 (1933).
— Anat. Anz. **84**, 1 (1937).
NORRIS: Amer. J. Anat. **24**, 443 (1908).
— Contrib. to Embryol. **26**, 249 (1937).
DE OCA: Beitr. path. Anat. **85**, 337 (1930).
OKKELS: Acta path. scand. (København.) **9**, 1 (1932).
OSWALD: Münch. med. Wschr. **1915 I**, 27.
PAAL u. KLEINE: Beitr. path. Anat. **91**, 322 (1933).
PATZELT: Verh. anat. Ges. **1923**, 220.
PAYR: Arch. klin. Chir. **167**, 85 (1931).
PEREMESCHKO: Z. Zool. **17**, 279 (1867).
PETERSEN: Histologie und mikroskopische Anatomie. München 1935.
PLANCHER: Monit. zool. ital. **45**, 52 (1934).
PLENK: Erg. Anat. **27**, 304 (1927).
POLITZER u. HANN: Z. Anat. **104**, 670 (1935).
POPOW: Z. Neur. **110**, 383 (1927); **115**, 931 (1928).
PULASKI: Frankf. Z. Path. **38**, 29 (1929).
DE QUERVAIN u. WEGELIN: Der endemische Kretinismus. Berlin 1936.
RABL: Arch. mikrosk. Anat. **82**, 79 (1913).
— Anat. Anz. **71**, 228 (1931).
RAHM: Erg. Chir. **25**, 564 (1932).
RAMSAY: Anat. Rec. **70**, 287 (1938).
RATHKE: Arch. klin. Chir. **191**, 769 (1938).
RAYMOND: Anat. Rec. **53**, 355 (1932).
REIN, H.: Klin. Wschr. **1932 II**, 1636.
REINHARD: Dtsch. Z. Chir. **180**, 177 (1923).
REISER, K. A.: Z. Zellforsch. **15**, 761 (1932); **17**, 610 (1933); **22**, 675 (1935).
— Arch. Augenheilk. **110**, 253 (1937).
— Graefes Arch. **139**, 118 (1938).
REISINGER: Roux' Arch. **129**, 445 (1933).
REMAK: Über ein selbständiges Darmnervensystem. Berlin 1847.
RIEDER: Arch. klin. Chir. **186**, 351 (1936).
RIEGELE: Z. Anat. **80**, 777 (1926).
— Z. Zellforsch. **15**, 311, 347 (1932).
— Z. Hals- usw. Heilk. **33**, 239 (1933); **35**, 139 (1933).
RHINHART: Amer. J. Anat. **13**, 91 (1912).
ROGAWITSCH: Beitr. path. Anat. **4** (1889).
ROGERS: Amer. J. Anat. **38**, 349 (1927).
ROSSI u. LANTI: Z. Zellforsch. **22**, 659 (1935).
SACERDOTTI: Atti Accad. Sci. Torino **29**, 16 (1893).
SAEGESSER: Schilddrüse-Jod-Kropf. Basel 1939.
SANDERSON u. DAMBERG: Frankf. Z. Path. **6**, 312 (1911).
SANTESSON: Skand. Arch. Physiol. (Berl. u. Lpz.) **32**, 187 (1919).
SAUERBRUCH, F.: Arch. klin. Chir. **167**, 332 (1931).
SCHAER: Beitr. path. Anat. **36**, 249 (1928).
SCHAFFER: Zit. nach EGGERT.
SCHARPEY and SCHAEFER: The endocr. Organs. New York 1916.
SCHITTENHLM u. EISLER: Klin. Wschr. **1932 I**, 1092.
SCHMIDT, M. B.: Virchows Arch. **137** (1894).

SCHNEIDER, D.: Klin. Wschr. **1932 II**, 1636.
— Zbl. Neurochir. **3**, 127, 248 (1938).
SCHNEIDER, E.: Dtsch. Z. Chir. **250**, 167 (1938).
— u. WIDMANN: Dtsch. Z. Chir. **241**, 15 (1933).
SCHULTZE, O.: Grundriß der Entwicklung des Menschen und der Säugetiere. Leipzig 1897.
SCHULZE, W., W. SCHMITT u. HÖLLDOBLER: Endokrinol. **2**, 2 (1928).
SELLE: Amer. J. Anat. **56**, 161 (1935).
SETO, H.: Arb. anat. Inst. Sendai **19**, 1 (1936); **20**, 1 (1937).
— Z. Zellforsch. **22**, 205 (1934).
— and FUKUJAMA: J. of orient. Med. **25**, 177 (1936).
SIEBERT and SMITH: Amer. J. Physiol. **95**, 396 (1930).
STARK: Gegenbaurs Jb. **79**, 358 (1936).
STIEDA: Pathologisch-anatomische Mitteilungen. Jena 1890.
STÖHR, PH.: Lehrbuch der Histologie, 14. Aufl., S. 299. 1910.
STÖHR jr., PH.: Z. Zellforsch. **3**, 431 (1926); **5**, 177 (1927); **12**, 67 (1930); **16**, 123 (1932); **21**, 243 (1934); **27**, 341 (1937); **29**, 569 (1939).
— Z. Anat. **78**, 555 (1926); **164**, 133, 475 (1938).
— Erg. Anat. **32**, 1 (1938).
— Klin. Wschr. **1939 I**, 41.
SUNDER-PLASSMANN, P.: Z. Anat. **93**, 567 (1930).
— Z. Neur. **147**, 414 (1933).
— Z. Hals- usw. Heilk. **32**, 493, 586 (1933).
— Dtsch. Z. Chir. **240**, 249 (1933); **244**, 736 (1935); **245**, 756 (1935); **250**, 543, 705 (1938); **251**, 125 (1938); **252**, 1 (1939).
— Rev. Méd. **1935**, 112.
— Bruns' Beitr. **136**, 466 (1936).
— Zbl. Chir. **65**, 994 (1938); **66**, 707 (1939).
— u. K. DAUBENSPECK: Dtsch. Z. Chir. **250**, 158 (1938).
— u. W. EICKHOFF: Dtsch. Z. Chir. **252**, 197, 210 (1939).
— — u. W. STECHER: Z. Immun.forsch. **93**, 368 (1938).
— — — Frankf. Z. Path. **52**, 303 (1938).
— u. K. MÜLLER: Klin. Wschr, **1937 I**, 153.
TAKAGI: Anat. Japon. **1**, 69 (1922).
TAKASHIMA u. HARA: Z. Anat. **102**, 409 (1934).
TANBERG, A.: Norsk Mag. Laegevidensk. 88, 692 (1927).
THOMAS: Archives de Biol. **45**, 189 (1934).
TOURNEAUX: Zit. nach EGGERT.
UHLENHUT, E.: Quart. J. microsc. Sci. **76**, 615 (1934).
UOTILA: Ann. Acad. Sci. Fennicae, Ser. A **40**, 1 (1934).
VERDUN: These de Toulouse **1897**.
VERSON: Arch. Sci. med. **31**, 477 (1907).
VICARI: Verh. anat. Ges. **1936**, 35.
— Anat. Rec. **68**, 281 (1937).
WAGSCHAL: C. r. Soc. Biol. Paris **107**, 1015 (1931).
WAHLBERG, J.: Arb. path. Inst. Helsingfors (Jena), N. F. **4**, 197 (1933).
WATZKA: Z. mikrosk.-anat. Forsch. **36**, 67 (1934).
WEGELIN, C.: Der endemische Kretinismus; zusammen mit DE QUERVAIN. Berlin 1936.
WELLER jr. and LOUIS: Contrib. to Embryol. **24**, 93 (1933).
WERNER, S. C.: Proc. Soc. exper. Biol. a. Med. **34**, 390, 392 (1936).
WILSON, G. E.: Anat. Rec. **42**, 243 (1929).
WINIWARTER, DE: C. r. Soc. Biol. Paris **95**, 1445 (1926); **100**, 433 (1929).
— Amer. Soc. méd. chir. **60**, 28 (1927).
— Bull. Assoc. Anatomistes **27**, 579 (1932).
WÖLFLER: Über Entwicklung und Bau der Schilddrüse. Berlin 1880.
WOITKEWITSCH: Zool. Jb. **56**, 161 (1936).
YOSHITOSHI: J. of orient. Med. **27**, 753 (1937).
ZECHEL: Surg. etc. **52**, 228 (1931); **53**, 12 (1931); **54**, 1 (1932).
ZUCKERKANDL: Anat. H. **21**, 1 (1903).
ZUKSCHWERDT: Pathologisch-physiologische Grundlagen der Chirurgie. IV. Schilddrüse, Epithelkörperchen, Speicheldrüsen. Leipzig 1940.